좋은
엄마의
두얼굴

# 좋은
# 엄마의
# 두얼굴

**초판 1쇄 인쇄** 2017년 4월 3일
**초판 1쇄 발행** 2017년 4월 10일

**지은이** 앨리슨 셰이퍼
**옮긴이** 윤승희

**펴낸이** 이상순
**주간** 서인찬
**편집장** 박윤주
**제작이사** 이상광
**기획편집** 한나비, 김한솔
**디자인** 유영준, 이민정
**마케팅 홍보** 이병구, 김수현
**경영지원** 오은애

**펴낸곳** (주)도서출판 아름다운사람들
**주소** (413-756) 경기도 파주시 회동길 103
**대표전화** (031) 955-1001  **팩스** (031) 955-1083
**이메일** books777@naver.com
**홈페이지** www.books114.net

BREAKING THE GOOD MOM MYTH

# 좋은 엄마의 두 얼굴

좋은 엄마의 가면을 벗겨내는
아들러의 반전 육아법

앨리슨 셰이퍼 지음 | 윤승희 옮김

아름다운사람들

# '좋은 엄마 가면'을 벗어야 더 좋은 엄마가 된다

> 나는 유능하니까, 이것도 잘 해내고 싶어.

내가 아는 한, 누구나 엄마가 되고 나면 같은 경험을 한다. '엄마'라는 역할이 주는 무게에 눌려 압도당하는 경험. 같은 엄마끼리도 차마 털어놓지 못하고, 혼자 남모르는 죄책감과 불안을 끌어안은 채 엄마로서 제 역할을 못하고 있는 것은 아닌지 노심초사하는가 하면, 때때로 남들의 따가운 시선을 느끼면서 상황을 전혀 통제할 수 없는 무력감을 느끼기도 한다. 엄마의 자리는 그렇게 지독한 자리다.

우리 같은 좋은 엄마들은 도대체 숨 돌릴 틈이 없다! 늘 자신의 잘못으로 아이의 마음에 상처를 남기지나 않을까 스스로를 몰아세운다. 수많은 압박에 시달리다 어느새 '엄마가 되면 절대로 하지 말아야지' 하고 다짐했던 일들을 하고 있다는 걸 깨달을 때, 우리는 이런 의문을 갖는다. 내가 꿈꾸던 멋진 엄마의 모습은 다 어디로 간 거지?

엄마로서 해야만 하는, 그것도 매우 잘해야만 하는 것들을 해보려고 아무리 열심히 노력해도 (정말 죽도록 노력하는데!) 목표는 좀처럼 가까워지지 않는 것 같다. 하지만 나만 빼고 다른 엄마들은 모두 잘하고 있고, 다들 멋진 목표를 향해 잘 달려가는 것처럼 보인다. 왜 나만 안 되는 걸까? 나는 뭐가 모자란 걸까? 엄마들이 도달하는 답은 하나다. 언젠가 '제대로' 엄마 역할을 할 날이 오리라는 희망을 품고, 더 강하게 자신을 몰아붙이기로 마음을 다잡는 것이다. 하지만 그런 날이 과연 올까? 모든 걸 이루고, 한숨 돌리면서 느긋하게 육아를 즐기는 날이? 그런 날은 절대 오지 않는다. 그 누구도 결코 완벽해질 수 없으니까.

오늘날 부모가 된다는 것은 걱정, 불안, 소외감, 잘해야 한다는 부담감을 온전히 떠안는 것이다. 하지만 우리 사회에는 부모라면 당연히 그 모든 부담을 즐겁게 받아들여야 한다는 통념이 단단히 자리 잡고 있다. 그 옛날, 인형놀이 하던 어린 시절부터 엄마가 되기를 꿈꾸던 소녀였다면 '진짜 엄마'가 된 지금은 인생 최고의 순간이어야 한다. 그런데 현실은?

　우리 세대는 하필 '어린이는 너무나 연약하고 혼자서는 아무 것도 못하는 존재'라는 철석같은 믿음이 보편화되어 있는 시대에 엄마가 되었다. 그래서 아이들에게 무슨 일이 생기건 모두 엄마의 책임인 것처럼 여긴다. 아이들 인생이 온전히 엄마 책임이라니, 이거 보통 일이 아니다! 엄마들은 아이가 한 치라도 어긋난 길로 가는 것을 상상하는 것만으로도 괴로워한다. 주변에서는 아이의 미래가 엄마 하기 나름이라고 한마디씩 거든다. 그런 엄청난 책임을 떠맡고도 정말 다들 괜찮은 걸까?

　그래서 우리 엄마들은 어떻게 대처하는가? 반드시 성공하고야 말겠다는 의지와 무엇이든 완벽하지 않으면 안 된다는 태도로 자녀양육에 임하고 있다. 성과 지향적이고 경쟁적인 문화에서 교육과 취업은 물론, 운전이며 요리에 이르기까지 승부욕과 완벽주의가 미덕인 오늘날, 우리가 푸념이나 하고 있는 지금도 누군가는 요가 상급반에 도전하고 있을지도 모른다. '마음의 평정을 향한 투지'를 불태우며. 이 얼마나 어리석은 일인가!

　아이를 키우는 것도 경쟁이 되었고, 아이를 애지중지 떠받드는 아이 중심 문화가 그 경쟁을 더욱 부추기고 있다. 우리는 자녀양육을 그 어느 때보다 높은 경지로 끌어올렸다. 더 이상 누구나 직관적으로 아이를 키울 수 있는 시대가 아니다. 육아는 정보를 찾고, 연구하고, 기술을 연마해야만 '수행'할 수 있는 임무가 되었다. 마치 '인간 형성'과 '잠재력 발굴'이라는 과업을 부여받은 듯하다. 솔직히 말해서 이 정도면 이제 자녀양육은 단순한 육아가 아니라 하나의 거대한 프로젝트이고, 아이는 엄마로서의 성공 여부를 평가하는 잣대가 된다. 문제는 아이를 키우는 능력뿐 아니라 우리의 인간적 가치마저 평가의 대상이 되는 바람에 어쩔 수 없이 결과에 매달리게 된다는 점이다.

현실을 바로 보자. 마음 깊은 곳에서 우리는 엄마로서의 실패가 곧 궁극적인 인생의 실패이고, 아이들의 성공이 곧 엄마에게도 최후의 승리를 의미한다고 믿고 있지 않은가? 그렇다면 우리가 잘하고 있는지, 과연 우리의 프로젝트가 성공적인지를 어떻게 판단할 수 있을까?

**내가 좋은 엄마인지 아닌지 어떻게 알지?**

우리는 무조건 많은 지식을 얻어야 한다는 강박 때문에 읽고, 연구하고, 측정하고, 판단하고, 비교하고, 경쟁하고, 성과를 낸다. 엄마가 완벽하지 못해서 실수를 범한다면 그 대가는 고스란히 아이가 감당해야 할 몫이라고 믿기 때문이다. 정말 어마어마하고 지독한 부담을 안고 있는 것이다.

그 결과 우리는 아이를 축구 연습에 데리고 가고, 구몬 수학을 시키고, 피아노도 가르친다. (애들은 진저리를 치지만, 악기 하나쯤은 배워두는 게 좋으니까.) 아직 학교에 안 들어간 둘째가 있다면, 중간에 짬을 내어 몬테소리 유치원에 사전 등록도 해놓는다. (아직 생후 3개월 밖에 안됐더라도 상관없다. 좋은 유치원에 보내려고 미리부터 대기명단에 이름을 올려놓는 사람들이 부지기수다.) 예쁘고 날씬한 다른 엄마들과 비교당하지 않으려면 아무리 바빠도 필라테스 강습 정도는 나가줘야 한다. 큰맘 먹고 빌린 미니 밴(모든 일정을 소화하려면 차 한 대로는 어림도 없다.)을 몰고 집 근처 문화센터에서 제공하는 유아 뇌 자극과 살사 클래스 시간에 맞춰 가고, 임신한 엄마라면 둘라*에게 전화하고, 벨리캐스트**도 뜬 다음 다시 집으로 날아가 큰 아이를 도와 (닦달해서) 함께 숙제를 한다. 저녁 메뉴에도 꼼꼼히 신경 쓴다. 균형과 영양을 생각해야 하고, 포화 지방이 함유되지는 않았는지 살핀다. 과일과 채소는 잔류 농약이 없도록 잘

---

* 둘라(doula): 임신, 출산, 산후에 걸쳐 산모와 가족에게 필요한 정보를 제공하고 심리적 안정을 돕는 이를 말한다. 임신 중에는 주로 전화로 출산에 필요한 여러 가지 정보를 제공하고 출산 중에는 분만실에서 마사지, 호흡 등을 통해 통증과 스트레스를 경감시킨다. 출산 후에는 집으로 방문해 모유 수유를 돕거나, 엄마가 휴식을 취할 수 있도록 아기와 가족을 돌봐줌으로써 신생아와 가족이 새로운 환경에 적응할 수 있도록 도움을 준다. 산파와는 달리 의료 서비스는 제공하지 않는다. 산후 둘라는 우리나라의 산후 도우미와 유사한 서비스를 제공한다.
** 벨리캐스트(belly cast): 임신을 기념하기 위해 임산부의 복부 모양을 석고로 떠서 만든 모형. 전문 업체에 의뢰해 다양한 모양과 색채를 가미해 화려하게 제작하기도 하고, 가정에서 직접 만들기도 한다.

씻고, 성장 호르몬 분비에 도움이 되는 우유도 빼놓지 않는다. 잠깐, 혹시 방금 아이 컵에 수돗물을 따라줬던가? 큰일 날 뻔 했다.

과민하다고? 이 정도는 기본인데.

> 뼛속까지 병든 사회에 잘 적응하고 있다는 것이 잘 살고 있음을 의미하지는 않는다. – 지두 크리슈나무르티

좋은 엄마가 되기 위해서 정말 이렇게까지 해야 하는 걸까? 우리는 색소와 방부제가 잔뜩 든 음료를 마시면서도 멀쩡히 잘 자라지 않았던가? 사회는 우리에게 '좋은 엄마'라는 허상을 들이민다. 그 왜곡된 이미지에 도달하기 위해 우리가 쏟아붓는 노력은 우리를 잘못된 방향으로 이끄는 데 그치지 않고 우리의 가정을 해치고 만다. 어떻게 해치는지는 본문에서 자세히 다루도록 하겠다.

잠깐만 냉정히 생각해보면, '좋은 엄마'라는 환상이 바비 인형의 비율만큼이나 터무니없음을 알 수 있다. 살아 있는 여성이 바비 인형과 같은 몸이 되려면 키는 210센티에, 가슴둘레는 1미터, 허리둘레는 18인치여야 한다는 건 이제 모두 아는 사실일 것이다. 이상적인 '좋은 엄마'가 실제로 존재한다면, 그녀는 아마도 팔이 여섯 개, 옆구리가 네 개는 있어야 하고, 기어 다니는 아기에게도 상시 수유가 가능하도록 뒤꿈치에 유두가 달려 있어야 할

것이다. 잠을 웬만큼 안 자도 피로를 느끼지 않고, 늘 행복하고 인내심이 넘치며, 축구면 축구 수학이면 수학 아이에게 필요한 것이면 뭐든 가르칠 수 있고, 동시에 세 장소에 존재할 수 있고, 자녀와 자신을 위해 10만 달러(약 1억 원) 정도는 언제라도 현금으로 지불할 준비가 되어 있을 것이다. 진정 이런 사람이 되고 싶은가? (사실, 뒤꿈치에 달린 유두만 빼면 꽤 괜찮을 것도 같다.)

문제는 이상적인 '좋은 엄마'란 그저 현대 사회가 만들어낸 환상에 불과한데도, 우리의 삶이 그 때문에 비참해진다는 사실이다! 이 환상은 좋은 엄마가 되려면 어떻게 우리를 변화시키고, 무엇을 해야 하는지에 대한 고정관념을 심어준다. 엄마들은 각자가 만들어낸, 좋은 엄마에 대한 지극히 개인적인 환상과 더불어, 사회가 만들어낸 '좋은 엄마'의 허상에 따라 자신을 맞추며 살아가야 한다.

## 어쩌다 여기까지 오게 되었을까?

엄마로서 좋은 성적표를 받기가 언제나 이렇게 어려웠던 것만은 아니다. 예전 엄마들은 아이들을 훨씬 더 믿었고, 부모가 일일이 개입하지 않아도 아이들이 잘 자라줄 것이라고 생각했다. 아이들은 강하고 튼튼하며, 뭐든 할 수 있고, 스스로의 삶을 알아서 이끌어갈 줄 아는 존재로 여겨졌고 부모의 요구대로 아이들이 스스로 적응하고 맞춰나갈 것이라고 기대했다. 아이들을 지금처럼 애지중지하며 키우지도, 조심스럽게 다루지도 않았다. 아이 인생의 성패가 엄마 한 사람의 손에 전부 달린 것처럼 부담을 갖지도 않았다. 앞선 세대들은 무거운 짐을 서로 나누었다. '아이 하나를 키우는 데 온 마을이 필요하다'는 말처럼, 아이는 다 함께 키운다는 인식이 지금보다 강했다. 과거에는 하나의 지배적인 이상, 즉, 좋은 엄마라면 반드시 어떠해야 한다고 정해놓은, 강력한 통념(prevailing cultural myth)이 존재했기 때문에 어느 집이나 아이를 키우는 모습이 비슷했다. 놀이터에서 말썽을 피우는 아이를 보면 대부분 자기 일처럼 나섰다. 많은 사람들이 비슷한 방식으로 아이들을 다루었기 때문이다. 오늘날 과거와 같은 상황이 벌어졌다면 어떨까? 모르는 사람의 아이를 야단치다니 생각도 할 수 없는 일이다.

요즘 엄마들이 겪는 딜레마는, 좋은 엄마가 정확히 어떤 엄마인지 제대로 이해하지도 못했으면서 좋은 엄마가 되고 싶다는 마음의 부담만 안고 있다는 점이다. 무엇이 정답인지에 대해서도 저마다 의견이 다르다. 출산 후 복직을 할 것인가 말 것인가, 몇 달마다 예방접종을 할 것인가 말 것인가, 아이를 따로 재울 것인가 말 것인가, 고무젖꼭지를 사용할 것인가 말 것인가, 300달러짜리 티타늄 헬멧을 사줄 것인가 말 것인가, 안 사준다면 그만큼 아이를 사랑하지 않는 것은 아닐까? 하지만 누구도 이 많은 질문들에 정확한 답을 제시해주지 않는다. 수많은 정보 속에 각기 다른 방향을 가리킴으로써 우리를 더욱 혼란스럽게만 한다.

결국 엄마들은 더 이상 함께 아이를 키우는 공동체가 아니다. 엄마들은 서로 상반된 진영으로 갈라져 분파를 이루게 되었고, 내 의견이 더 이상 지지를 받지 못할 때, 우리는 의견이 다른 엄마들에게 비난받을 것을 미리 걱정한다. 일하는 엄마들과 전업주부 엄마들은 서로 부러워하면서도 곱지 않은 시선으로 상대편을 바라본다. 서로 간의 거리가 벌어질수록 양편 모두 각자 당면한 까다로운 문제들에 대한 답을 찾기가 더 어려워진다.


## 누군가는 답을 알고 있을까?


우리가 갈피를 못 잡고 우왕좌왕하는 이유는 동년배 엄마들과 사이가 멀어졌기 때문만이 아니다. 과거 엄마들은 전문가들의 조언에서 답을 구하고 마음의 안정을 얻었다. 하지만 이제는 아니다. 엄마들은 전문 기관과 그들의 '권위 있는' 대답을 신뢰하지 않게 되었다. 정보의 시대에 살고 있는 엄마들은 의사가 약을 처방해주면 그냥 처방대로 아이에게 약을 먹이는 대신 집으로 달려가 각자가 믿는 정보원을 검색해본다. 그 결과 우리 앞에는 저마다 상반된 견해를 제시하는 수많은 정보가 놓이고 과연 누구 말이 맞는지, 누구의 의견을 따라야 하는지, 아무 말이나 믿었다가 잘못된 선택을 하지 않을지 불안해한다.

자녀를 위해 최종 결정을 내려야 하는 사람으로서 엄마들은 아이의 귓병 치료부터 밀폐 용기의 안전성 여부까지 오만 가지 분야에 대해 끝도 없이 늘어나는 지식과 정보에 통달하는 수밖에 없다는 결론에 도달한다. 그 결과 이득을 보는 것은 누굴까? '불안'은 꽤 괜찮은 판매 전략이다. 엄마들이 걱정을 잠재우기 위해 매년 지불하는 돈이 수십억 달러에 이른다.

그냥 좋은 엄마가 되고 싶은데, 방법을 모르겠다!

내가 들려준 이야기에 공감하는가? 내가 그린 그림이 우리 모두 벗어나고 싶어 하는 과잉육아의 현실을 제대로 포착했는가?

심리치료사이자 코칭전문가로서 나는 좋은 엄마의 강박을 놓아버린 후 놀라울 정도로 마음의 안정을 찾았다고 고백하는 수많은 엄마들과 만났다. 그렇다고 그 엄마들이 엄마의 역할과 자녀 양육 자체를 포기하거나, 반발심에 극단적인 선택을 하게 되었다는 뜻은 아니다. 이 책은 새로운 사고방식을 들여다볼 수 있는 기회를 줄 뿐이다. 가족 간의 사랑을 위해 새롭고 긍정적인 시각에 눈을 돌리고, 사람들이 어떻게 성장하고, 발달하고, 서로 관계를 맺어가는지 배울 수 있는 기회이기도 하다. 혹시 중간에 포기하게 될까 걱정된다는 염려는 내려놓아도 좋다. 이 책은 따분한 전문서적이 아니다. 이 책에는 남녀관계, 음모, 기 싸움, 격정 어린 분노가 있고 철없는 남편 이야기는 물론, 형제자매 간의 치열한 암투도 등장한다. 나는 이 책을 통해 가족 간의 불필요한 불화를 야기하는 허상들을 보여주고, 당장이라도 적용하여 변화를 시도할 수 있는 실용적인 기술들을 소개하려고 한다.

이제부터 우리가 오래전부터 가지고 있던 몇 가지 고정관념들을 벗겨내야 하니 자세를 편안하게 고쳐보자. 누워도 좋고 엎드려도 좋다. 더불어 마음껏 웃을 준비도 해두자. 나는 이제부터 엄마들을 약 올리고 육아 문화를 꼬집을 것이다. 나쁜 의도는 없다. 심각한 주제일수록 무겁지 않게 다가가려는 것이다. 무거운 주제를 가볍게 다루는 것은 변화와 성장을 이끌어내는 가장 좋은 접근 방식이다. 제대로 접근하다 보면 우리가 잘하고 있는 부분은 지속시키고, 꼭 해야 할 일에 방해가 되는 요소들은 조심스럽게 제거해나가는 방법을 배우게 된다. 그러면 우리는 정말 해야 할 일, 즉 아이들을 훌륭하게 키우고 가족과 함께하는 시간을 즐기는 일에 집중하게 될 것이다.

# 차 례

# 안 괜찮은 엄마,
# 더 안 괜찮은 아이

마지막으로 혼자 화장실에 갔던 적이 언제던가? 무릎에 아이를 앉히지 않고 편안히 식사를 했던 적은? 중간에 깨지 않고 밤새 숙면을 취했던 적은? '누구누구 엄마' 말고 다른 호칭으로 불렸던 적은?

우리는 어릴 때부터 '좋은 엄마'라면 늘 아이가 최우선이어야 한다고 믿도록 길들여져 왔다. 그러다 보니 아이들에게 온전히 집중하지 않으면 이기적이라고 믿으며 정작 자신을 위해 뭔가를 하는 것은 죄스럽게 여기게 되었다.

메리도 그런 수많은 엄마들 중 하나였다. 메리가 나에게 했던 말들을 기억할지 모르겠다. 언젠가 엄마들 모임에 가서 강의를 한 뒤 그녀와 따로 이야기를 나누게 되었다. 우리는 한쪽 구석에서 커피를 마셨다. 짧았지만 깊이 있는 대화를 나누면서 메리가 느끼는 좌절과 피로를 짐작할 수 있었다. 그녀는 '좋은 엄마'가 되기 위해 자신의 모든 것을 희생하고 있었고, 아이를 위해서라면 정말 못할 것이 없어 보였다! 아이들은 그녀의 삶이었고 아이들의 요구가 늘 먼저였다. 메리는 정말 '엄마'라는 역할에 진지하게 임했다. 하지만 내게 분명하게 보였던 또 한 가지는 그녀가 많이 지쳐 있다는 점이었다.

메리 같은 엄마들을 위해 나는 '좋은 엄마'의 허상을 깨려고 한다. 그리고 그 첫걸음은 '나'를 돌아보는 것으로, 즉 엄마 스스로 자신을 얼마나 소중하게 여기는지 생각해보는 것으로 시작하려고 한다. 강의와 상담을 하면서 나는 메리 같은 엄마들을 수없이 만난다. 그들이 나를 찾게 되는 동기는 다양하다. 어떻게 하면 아이가 말을 잘 들을까? 어떻게 하면 떼를 쓰지 않을까? 어떻게 하면 이유식을 잘 먹을까? 어떻게 하면 형제들과 싸우지 않을까? 그들은 자녀를 키우면서 부딪치는 현실적인 문제들에 대한 조언을 원하고, 더 나은 가정을 만들고 싶어 한다.

나도 이 엄마들에게 즉각적인 해결책을 제시하고 싶다. 하지만 금방이라도 쓰러질 것 같고, 깃털만 스쳐도 바스러져버릴 것 같은 엄마들에게 어떻게 또 새로운 해법이 있으니 실천해보라고 말할 수 있을까? 어쩌면 당신도 지금 '저건 내 얘기'라며 공감하는 중인지도 모른다. 혹시 요즘 들어 괜스레 눈물이 많아지고, 사소한 일에 화가 나지는 않았는가? 혹시 지난 화요일 운전 중에 아이가 던진 컵에 뒤통수를 맞고 눈이 뒤집혔다가 분노조절 전문가와 상담을 할지 아니면 분노를 발산할 수 있는 새로운 직업을 찾아야 할지를 고민하지는 않았는가? 자신의 마음도 제대로 추스를 수 없는 상태로는 결코 아이를 잘 키울 수 없다는 것을 그래도 모르겠는가?

가정의 분위기를 바꾸려면 당연히 엄청난 에너지와 용기가 필요하다. 앞으로 훨씬 재미있는 내용들도 다루겠지만, 일에는 순서가 있는 법. 가족이 변화하기를 원한다면, 그래서 자녀들을 성공적으로 키워내고 싶다면, 우선 전투에 다시 임할 수 있도록 활력을 되찾아야 한다. 완벽하기를 포기하자더니 웬 에너지 타령이냐 싶겠지만, 버리는 것도 일이다!

나는 메리에게 자신을 위해 할 수 있는 일들에 대해 살짝 운만 뗐는데도 그녀는 입을 꽉 다물어버렸다. 마치 자신만을 위해 시간을 투자하는 것은 상상도 못할 일이라고 여기는 듯했다. 나는 그녀에게 생명의 동아줄을 던졌다고 생각했는데 그녀는 그것을 잡으려고 하지 않았다.

지금 자신의 삶을 돌아보자. 아이들과 가족을 위해서 사느라 자신에게 필요한 것들은 늘 우선순위에서 뒤로 밀어내거나, 아예 무시하고 있지는 않은지. 다음 질문에 예, 아니요로 답해보자.

1. 남편은 주말마다 골프를 치러 가지만, 나는 취미생활을 하거나 친구들을 만나기 위해 남편에게 아이를 봐달라고 말

할 엄두가 나지 않는다. 나 하나 즐기자고 다른 사람들에게 부담을 주고 싶지 않다. 어차피 취미생활 따위 해도 그만 안 해도 그만인데.

2. 아이들은 정기적으로 미용실이나 치과에 데려가고, 건강 검진과 시력 검사를 받게 하지만, 나를 위해서는 그렇게 하지 않는다.

3. 내가 좋아하는 음식은 다른 가족들이 별로 안 좋아하기 때문에 식탁에 올리지 않는다. 가족들 입맛에 맞추느라 내 입맛에 맞는 음식은 포기한다. 치킨 너겟이나 핫도그, 그릴드 치즈만 반복해서 차린다. 연어, 페스토, 커리가 무슨 맛이었더라?

4. 매일 새벽 3시만 되면 어김없이 울어대는 아기에게 수유를 한다. 번거롭게 남편을 깨우느니 그냥 내가 일어나는 게 편하다.

5. 생활은 그 어느 때보다 바빠졌지만, 생활 반경은 크게 줄어든 것 같다. 내 생활에서 그나마 내세울 만한 부분은 가사와 관련된 일 뿐이다. 취미는 아예 없고, 친구들과도 소원해졌다. 사람들을 만나는 일이나 간간히 하던 봉사 활동도 피하게 되고, 마지막으로 교회(또는 절)에 가본 게 언제인지 기억조차 가물가물하다.

6. 내가 할 수 있는 일을 남에게 맡기면 마음이 편치 않다.

개털 깎기, 카펫 스팀청소는 물론 집안 대청소도 직접하고, 셔츠는 세탁소에 맡기지 않고 직접 세탁해서 다림질하면 조금이라도 가계 부담을 줄일 수 있다.

7. 스트레스로 인해 과다 분비되는 아드레날린에 중독되어 가고 있다. 순간적으로 에너지가 넘치는 듯하지만, 그 순간이 지나가면 오후에는 캐러멜 라테 한 사발, 밤에는 와인을 맥주잔으로 들이켜지 않으면 버틸 수 없다.

8. 내가 불행하다고 느끼지만 도대체 왜 불행한지 이유를 알 수 없다.

9. 이 책을 사긴 했지만, 나에게 돈을 썼다는 사실에 마음이 불편하고, 도대체 언제 짬을 내어 이 책을 읽을 수 있을지도 난감하다. 여기까지 읽은 것만으로도 대단하다! 자신을 위해 이만큼이나마 시간을 냈으니까. 브라보!


한 가지라도 '예'라고 대답했는가? 엄마들의 희생적인 헌신을 찬양하는 문화 속에서 우리가 자신의 욕구를 충족시키기란 쉽지 않다. 가족마다 전설처럼 전해 내려오는 '자신을 위해서는 동전 한 푼 쓰지 않은' 할머니 이야기나 '늘 자녀들을 부족함이 없이 키우느라' 자신은 '안 먹고, 안 쓰며' 버틴 어머니들의 이야기를 들을 때 사람들의 얼굴에 떠오르는 경탄의 표정만 봐도 알 수 있다.

이럴 땐 그냥 이렇게 말하면 그만이다. "세상에, 참 훌륭한 어머니시네요!”



좋은 엄마의 허상을 파헤치기 위해 처음으로 할 일은 자녀를 삶의 전부로 여기고, 자신의 욕구는 억누른 채, 스스로의 자아 따위는 아랑곳하지 않는 희생적인 ‘좋은 엄마’에게 우리가 부여한 영웅적이고 성스러운 이미지가 과연 타당한지 따져보는 것이다. 우리는 앞치마를 벗어 던지고, 브라를 태우고, 교육받을 권리를 쟁취하기 위해 열심히 노력했다. 우리는 또한 여성이 남성과 동등한 시민으로서의 권리를 가질 수 있도록 싸웠다. 하지만 아이가 생기고 나면, 낡은 성 역할의 굴레가 여전히 우리를 지배한다는 사실을 깨닫게 된다. 양성평등이라는 변화의 흐름도 ‘좋은 엄마’라는 우상 앞에서는 맥을 못 추는 모양이다. 물론 갓 태어난 아기는 보살핌이 필요하고, 보살피는 데에는 엄청난 시간과 에너지가 소모된다. 하지만 바로 그렇기 때문에 더욱 엄마들은 스스로를 소중히 여겨야 하는 것이다.

페미니즘 운동이 가져다준 긍정적 변화에도 불구하고, 우리 문화 깊숙이 뿌리내린 성 역할에 관한 오래된 고정관념은 여전히 그 위력을 잃지 않았다. 남성에게 성공이란 가족을 잘 보호하고 부양하는 것이다. 이상적인 남성상은 가족의 생계를 책임지는 가장으로서 직장에서의 성공과 직결된다. 대다수의 여성도 가정 밖에 직장이 있지만, 이상적인 여성은 여전히 자녀를 잘 돌보고 키우는 여성이다.

사회생활과 육아라는 이중의 임무를 수행하느라 여성들은 너덜너덜해지지만, 우리는 아이를 키우면서 지치지도, 스트레스를 받지도 않아야 한다고 믿고 있다. 육체적, 정신적으로 힘들다면, 엄마로서 실격이다.

깨어 있는 동안은 매 순간 아이와 함께 있고 싶어야 하는 것이 당연하지, 하루 종일 장난감 트럭을 가지고 아이와 놀아주는 것만큼 보람찬 일이 또 어디 있어, 이 나이에 찰흙놀이가 얼마나 새로운 자극이 되는데. 나 미친 거 아닐까? 도대체 뭐가 부족해서 이래? 왜 벗어나고 싶어 하지? 여기서 뭐가 더 필요하다는 거야? 엄마라면 당연히 즐겁게 해야 할 일이잖아? 어떻게 이거 하나 제대로 못하지? 다른 엄마들은 벌써 씻고 깔끔하게 차려입고 있을 텐데 난 왜 11시 30분이 되도록 아직 잠옷 차림인 거지? 왜 눈물은 삼키고 그래? 엄마가 되어서 행복하잖아, 아니야? 아이들이랑 하루 종일 쿠키를 만드는 것처럼 행복한 일이 또 어디 있어? 나 도대체 뭐가 문제인 걸까?

뭐가 문제냐고? 육아에 지쳐 시들어가고 있다는 사실이 문제다. 하나씩 따져보고 조금씩 바꿔보자.

## 비상탈출

일에 치여 죽을 것만 같은 순간, 비행기 안에서 들릴 법한 비상탈출 안내 메시지를 떠올려보자. 비행기가 자녀양육과 무슨 상관이랴 싶겠지만 부모로서 새겨볼 만한 내용이라 소개한다.

기내 승무원들은 다음과 같이 안내한다. "기내 기압이 떨어지면 머리 위에서 산소마스크가 내려옵니다. 부모님들은 우선 본인의 산소마스크를 확보한 후 동반한 자녀를 도와주시기 바랍니다."

왜 굳이 이런 안내가 필요할까? 혹시 항공사가 아이들의 안전에 무관심하거나 아이들에게 산소가 늦게 공급되건 말건 아랑곳하지 않아서일까? 그럴 리가! 항공사는 부모의 안전이 확보되지 않은 상태에서는 자녀들을 제대로 돌볼 수 없다는 사실을 잘 알고 있는 것이다. 자신의 안전을 돌보는 엄마는 이기적인 엄마가 아니라, 오히려 책임감 있는 엄마다.

이기적인 행동이란 자신의 행동이 다른 사람에게 미치는 영향을 고려하지 않은 채 자신의 이익만을 추구하는 행위이다. 당연히 이기적인 행동은 옳지 않다. 하지만 내가 엄마들에게 권하는

자신을 돌보는 행위는, 자신의 이익만을 추구하는 행위가 결코
아니다.



## 자기 관리는 이기적인 것이 아니다

사람이라면 누구나 잘 살아가기 위한 필수 요소로서 자기 관리
가 필요하다. 특히 돌봐야 할 아이가 있는 엄마라면 더욱 그렇다.
이제부터 내가 제안하는 완전히 새롭고 건강에도 이로운 자기 최
면을 걸어보자. 좋은 엄마는 책임감 있고 효과적인 자녀양육의
한 방법으로서 스스로를 존중하고 보살핀다.

이번 장에서는 작은 변화를 시도해볼 것이다. 자신을 보살피기
시작하면, 앞으로 이 책을 읽어가면서 시도하게 될 변화들에 더
쉽게 적응할 수 있다. 우리는 이제 좋은 엄마가 되려고 아등바등
하는 대신, 목표를 가지고 효과적인 방법으로 아이를 키움으로써
만족스러운 가정의 행복을 진정으로 만끽하게 될 것이다. 또 인
간은 원래 불완전하다는 점을 받아들이고, 주어진 순간에 최선의

선택을 하는 데 만족할 것이다. 완벽한 엄마의 기준에 도달하지 못했다며 자신을 몰아세우는 일도 없을 것이다. (이 책의 마지막을 읽을 때쯤이면 모두 완벽이라는 말에 코웃음을 칠 수 있는 여유를 갖게 되기를 바란다.)

이미 어느 정도 자신을 보살피고 있는 엄마들도 있겠지만, 아마 대부분의 엄마들은 자신을 잘 보살피려는 시도만으로도 에너지가 급속도로 방전되어버리는 것을 느낄 것이다. 이젠 손발톱 관리 정도로는 기분이 나아지지 않는다는 것쯤을 알 때도 되었다.

우리는 근본적인 치유 대신 겉으로 드러난 상처만 가리는 데 익숙하다. 자기 관리는 좀 더 넓은 의미로 해석되어야 한다. (단순한 건강 관리나 외모 관리를 넘어) 확장된 의미의 자기 관리가 필요하다. 확장된 자기 관리란, 엄마들도 다른 사람들과 마찬가지로 하나의 인간으로서 자신의 삶에 만족해야 하고 자신의 현재 모습에 긍정적이어야 한다는 점을 인정하는 것이다.

설령 아이를 돌보는 것이 평생의 소원이었고 육아가 즐겁다고 해도 우리는 아이 키우는 기계가 아니라 다양한 면을 갖춘 완전한 인격체임을 잊지 말아야 한다. 우리도 삶에서 충족감을 느껴야 한다. 충족감은 다양한 곳에서 얻을 수 있다. 우리도 자녀 이외의 다른 사람들과 관계를 맺고 있고, 엄마 이외의 역할이 있으며, 욕구와 꿈이 있다. 스스로 엄마보다 더 큰 의미의 인간임을 인정한다고 해서 엄마이기를 일부 포기하는 것도, 자녀를 덜 사랑하는 것도 아니다. 누군가의 아내로서, 자매로서, 친구로서, 공동체의 일원으로서, 전문 직업인으로서의 자신을 자랑스러워하고 즐긴다고 해서 엄마로서의 역할이 줄어드는 것도 아니다. 삶은 풍요롭고 복잡하다. 인생의 다채로운 면들을 만끽하며 살아갈지, 여러 가지 역할 사이에서 갈팡질팡하며 아이에게 미안한 마음을 안고 살아갈지는 우리의 선택에 달려 있다.

엄마 역할만으로도 힘든데 부담을 더 늘이자는 것이 아니다! 우리의 삶을 더 큰 맥락에서 보자는 것이다. '엄마'라는, 인생의 한 단면에만 매달리지 말고, 인생이라는 그림 전체를 크게 펼쳐 더 넓게 보자는 것이다. 자신을 보살피고, 다른 사람들과의 관계를 소중히 하고, 스스로가 가진 인간으로서의 가치를 인정하고, 목표를 가지고 살아갈 때, 우리의 가정을 더욱 의미 있고 활기차게 만들어갈 수 있다.

인생의 참된 즐거움은 나중에 언젠가 누리면 된다면서 현재의 자신을 억누르고, 하루하루 그저 힘겹게 버텨가고 있는지, 아니면 더 즐겁게 살기 위해 한 걸음씩 나아가고 있는지 스스로를 돌아보자. 가족을 위해서만 살아가는 엄마들은 쉽게 고갈된다. 하루하루를 버티며 사는 엄마들은 (물론 그 하루하루를 나름대로 훌륭하게 살아가겠지만) 나무를 가꾸느라 인생이라는 큰 숲을 미처 보지 못하는 것 같다. 잘 쉬고 요가를 하고 손발톱 관리를 받는다고 잘 사는 것이 아니다. 목표를 가지고 자신을 채워가며 살아야 한다. 하루하루 아름답게 잘 살아가고 있는 것 같지만, 정작 그 삶 자체가 내가 진정 원하던 삶이 아닐 수도 있다.

브리짓은 출산휴가 후 복직하지 않기로 결심했다. 하지만 그렇다고 하루 스물네 시간, 일주일 내내 육아에만 매달리고 싶지도 않았다. 마케팅 임원이었던 그녀는 엄마들을 위한 인터넷 뉴스레터 서비스를 시작하기로 했다. 브리짓은 이제 엄마이면서 사업가다. 삶을 적절히 분배함으로서 원하던 것을 모두 이룰 수 있었다. 물론 하루 종일 쉴 틈 없이 일하고 더 많은 역할을 감당해야 하지만, 원하던 삶을 살고 있다는 즐거움에 늘 행복하고 에너지가 넘친다. 예전보다 수입은 줄어들고 더 시간에 쫓기고 잠도 충분히 못자지만, 그녀는 자신이 행복하고 스스로의 삶에 만족할 때 더 좋은 엄마가 될 수 있다고 자신 있게 말할 수 있다.

그렇다면 하루하루 버티는 삶이 아니라, 자신을 채워가며 원하는 삶을 살기 위해 무엇을 해야 할까? 정말로 중요한 것이 무엇인지 너무 오랫동안 잊고 살아오지는 않았는가? 많은 엄마들은 첫 자녀가 생길 때 인생에서 원하는 것이 무엇이었는지 다시 생각해본다. 인생에 새 무대가 펼쳐지고 변화와 시작을 맞이하면서, 엄마들은 삶의 가치관과 우선순위가 바뀌는 경험을 할지도 모른다. 하지만 변하지 않는 기본 전제는 행복한 엄마가 행복한 가정을 만든다는 것이다! 자신에게 투자하면 그만큼 가족 전체에게 그 결과가 돌아간다. 시작은 엄마 자신이다! 많은 엄마들은 이 사실을 전혀 모르고 있다. 우리에게는 잠시 하던 일을 멈추고 내가 가치 있게 여기는 것이 무엇인지 되돌아보고, 나 자신과 가족을 위해 어떤 삶을 어떻게 꾸려 나갈 것인지 진지하게 고민해볼 기회가 있다.

## 왜 자기 관리가 중요한가?

앞서 소개한 브리짓의 일화에서 엄마들이 자신을 최우선 순위에 두어야 하는 이유를 찾았는가? 가장 중요한 다섯 가지 이유를 함께 살펴보자.

### 1. 건강은 물론 목숨까지 달려 있다

연구에 따르면 스트레스를 받으면 우리 몸은 면역체계가 약해지면서 각종 질병에 취약해진다고 한다. 만성적인 스트레스는 수명도 단축시킨다. 스트레스로 인한 심장마비로 일찍 죽을 수도 있고, 스트레스에 시달리는 사람들은 사고를 당할 가능성도 높다. 자동차 사고가 어린이들의 주요 사망 원인이라는 점을 고려하면 엄마는 반드시 차분하게 한 가지 일에 집중할 수 있어야 한다. 안전(건강)보다 중요한 것이 또 있을까!

**2. 엄마가 최고로 행복할 때 아이에게 가장 좋은 것을 줄 수 있다**

현재의 삶에 만족하지 못하면서, 거품 목욕을 하고 헬스클럽에서 운동을 한다고 스트레스가 날아가지는 않는다. 내가 어떤 사람인지, 내게 중요한 것이 무엇인지를 알고 그것을 내 삶의 적절한 위치에 놓았을 때 비로소 충족감을 얻을 수 있다. 자기계발서를 읽거나, 코칭, 상담을 받아보는 것도 자신을 위한 큰 그림을 그려보는 데 도움이 된다. 어떤 엄마들에게는 일터로 돌아가는 것이 답이 될 수 있고, 어떤 엄마들에게는 일터를 떠나는 것이 답일 수도 있다. 어떤 엄마들에게는 입주 보모를 고용하는 것이 해결책일 수도 있고, 다른 엄마들에게는 힘들어도 시어머니를 댁으로 돌려보내는 것이 옳은 선택일 수도 있다. 중요한 것은 엄마의 행복을 추구하는 데 있어서 한 가지 완벽한 정답은 없다는 것이다. 내 인생에 만족하며 살기 위해 내게 진정 필요한 것이 무엇인지 스스로 결정해야 한다. 조용히 내 마음의 소리에 귀를 기울이되 남편은 어떻게 생각할까, 부모님이 바라시는 것은 무엇일까, 내가 이런 결정을 내리면 친구들은 뭐라고 할까 등 그 밖의 다른 소리를 내 목소리로 착각해서는 안 된다. 내 마음의 소리를 가려내기 위해서는 집중해서 들어야 한다. 내가 무엇을 갈망하고, 내게 필요한 것이 무엇인지 그 답은 내 마음이 알고 있다는 믿음이 있어야 한다. 스스로에게 변화를 실현시킬 권한과 용기를 주자.

### 3. 가정의 분위기는 부모의 몫이다

엄마와 아빠는 가족이라는 배의 선장이다. 두 사람은 가족 전체를 이끌고 지휘한다. 부모의 정신이 올바르고 부족함이 없어야 가족을 제대로 이끌 수 있음은 두말할 필요도 없다. 부모가 행복하고, 참을성 있고, 사랑한다면 그에 맞는 가정의 분위기가 조성된다. 반대로 불행은 전염된다. 엄마가 우울하고 신경질적이면 온 집안이 어두워진다.

### 4. 아이들은 부모를 보고 배운다

자녀들에게 여성과 어머니의 본질과 역할에 대해 무엇을 가르치고 싶은가? 여성과 어머니의 진정한 가치를 폄하하고 예속과 희생을 강요하는 오랜 편견을 자녀들에게 물려주겠는가? 아니면 자신을 존중하고, 완벽한 인격체로서 주도적인 삶을 사는 21세기의 총명한 여성상을 몸소 체현하겠는가? 아이들은 엄마를 보면서 양성평등의식과 인간관계에 대한 태도를 형성해간다. 우리가 어떤 엄마인지를 보면서 아이들은 어떤 여성과 결혼하고 싶은지, 어떤 아내 혹은 엄마가 되고 싶은지를 마음속에 그려나간다.

## 5. 변화를 주도하기 위해서는 에너지가 필요하다

우리는 스트레스에 적응하면서 내 안에 있는 것을 다 써버리고 빈껍데기만 남은 것도 모른 채 스스로를 방치한다. 결국 지친 엄마들은 오래되고 익숙한 방식에 안주하려 한다. 늘어났던 고무줄이 원래의 상태로 돌아간 것처럼 우리도 별다른 고민 없이 되는 대로 아이를 키우지만, 그런 방식은 대부분 우리가 원하던 방식은 아니다. 주어지는 상황에 휘둘리지 않고 상황을 주도하기 위해서는 에너지와 집중력이 필요하다. 자신의 주관대로 자녀를 키우고 싶다면 내 안의 에너지부터 채워야 한다.

### 왜 우리는 스스로를 아끼고 돌보지 않을까?

| 자신에게 투자할 시간이 없는 엄마들의 흔한 핑계들 |

1. 할 일이 꽉 차 있어서 전혀 시간을 낼 수 없다.
2. 돈도 못 벌면서 나 자신에게 돈을 쓰면 안 될 것 같다.
3. 아이를 봐줄 사람이 없다.
4. 남편은 혼자서 아이들을 건사하지 못한다.
5. 집에 차가 한 대뿐이라서 나 혼자 외출하자고 차를 쓸 수가 없다.
6. 뭘 해야 할지도 모르겠다.
7. 기력이 없다.

어련하실까… 보나마나 손톱 관리 받은 지도 오래 되었을 거다. 정말 딱하다. 이런 핑계 뒤에 가려진 진실은 엄마들이 그저 스스로를 바꾸지 못하는 것뿐이다. 누군가가 돈도 빌려주고, 차도 빌려주고, 아이들도 돌봐주겠다고 해도 상황은 달라지지 않는다. 왜 그럴까? 앞서 소개한 메리처럼, 엄마들은 자신을 혹독하게 희생하는 것이 훌륭한 미덕이라는 환상에서 벗어나지 못하고 있기 때문이다. 희생하면 왠지 좋은 엄마가 될 것 같다. 그래서 좋은 엄마의 위엄을 손상시킬 것 같은 행동은 시도하고 싶지 않다. 변화를 이루기 위해서라도 우리는 좋은 엄마라는 허상을 깨뜨려야 한다. 이런 경우 '맛있는 음식에 침 뱉기'라고 부르는 요법을 적용할 수 있다. 좀 더러워 보여도, 바로 그 점이 이 요법의 핵심이다. 어떤 요법인지 함께 알아보자.

### 맛있는 음식에 침 뱉기

음식을 맛있게 먹고 있는데 누군가 와서 그릇에 침을 뱉는다면 우리는 딜레마에 빠진다. 음식을 계속 먹고 싶지만, 이미 못 먹게 되어버린 것을 알기 때문이다. 그만 먹을 수도 있고, 물론 원한다면 계속 먹을 수도 있지만 이미 이전처럼 맛있게 먹을 수는 없다. 마찬가지로 특정한 행위에서 오랫동안 벗어나지 못하는 사람들을 치료하기 위해 그 행위를 불쾌한 경험이 되게 하여 더 이상 예전과 같은 '맛(감정)'을 느끼지 못하게 만드는 방법을 쓰기도 한다. 그 결과, 해당 행위를 계속하더라도 이전처럼 즐길 수는 없다. 이제는 자신이 무엇을 바라고 그런 행위를 했었는지, 진짜 동기가 무엇이었는지를 알게 되었고 그 깨달음이 썩 달갑지 않기 때문이다.

이제부터 '희생하는 좋은 엄마'의 모습 이면에 어떤 씁쓸한 동기가 숨어 있는지 살펴보자. 결론부터 말하면 희생적 행위는 결코 순수하게 희생적인 것이 아니라, 우위를 점하려는 동기에서 나온다. 왜 그럴까?

## 우리는 우월해지기 위해 희생한다

모든 행위에는 동기가 있고, 엄마들이 자신을 돌보지 않는 '순교자적'(정말 딱 들어맞는 표현이 아닌가 싶다!) 행위는 엄마들을 우월하게 만드는 효과가 있다. 가장 희생하는 엄마가 가장 우월한 엄마다. 이게 무슨 소리인가 싶겠지만, 알고 보면 희생은 개인적인 이기심, 지위에 대한 욕망, 다른 사람보다 우월해지고자 하는 동기에서 나오는 것이지 결코 사람들이 믿고 싶어 하는 것처럼 아이들을 향한 순수한 선의에서 나오는 것이 아니기 때문이다.

다시 말해, 앞서 소개한 메리 같은 엄마들에게 아무리 자신을 보살펴야 한다고 충고해도, '좋은 엄마'는 늘 스스로를 희생하고 아이들을 우선시해야 한다는 망상에 사로잡혀 있는 한, 자신을 보살피는 행위는 그저 '좋은 엄마'로서의 우월감을 훼손하는 행위라고밖에 여겨지지 않는다. 허상을 깨트리지 않는 한, 변화도 없다! 한번 생각해보자. 자신을 희생한 순교자들은 다른 이들 보다 우월할까? 희생을 통해 우리는 다른 사람들 '위에' 설 수 있을까? 희생하면 더 우월한 사람이 되는 걸까? 자신의 즐거움을 위해 아이와 함께 있는 시간이 줄어들 것을 알면서도 과감하게 새로운 사업을 시작한 사업가 브리짓보다 '순교자 메리'가 더 훌륭한 인간일까?

사람들과 그들의 가치를 상중하로 나누는 일 따위는 관두고 반드시 해야 할 일이 무엇일까를 고민해본다면, 정말 필요한 것은 자신을 보살피는 일이라는 점을 깨닫게 될 것이고 '지위'니 뭐니 하는 허상에 더 이상 얽매일 필요도 없어질 것이다.

혹시라도 "그럼, 공원 갈 수 있고말고. 엄마 지금 머리가 너무 아프지만 두통약 먹고 가면 돼. 모처럼 재미있게 놀 기회인데 그깟 뇌혈관이 조금 부푼다고 터지기야 하겠어?"라는 말이 자신도 모르게 입에서 튀어나오려고 한다면 잠깐 멈추고 생각해보기 바란다. 지금 자신의 행동이 얼마나 어리석은지, 혹시 "나는 이렇게 좋은 엄마야!"라는 우월감에서 나온 것은 아닌지. 자, 다 같이 말해보자. "안 돼. 미안하지만 오늘은 엄마가 많이 아파서 못 나가." 어렵지 않다! 누구나 할 수 있다. 단, 아파 누워서까지 아이에 대한 죄책감에 시달리지 않는다면….

**죄책감**

한없이 기대고 싶은 감정, 죄책감. 여기에도 역시 '침 뱉기' 요법을 적용해보자. 왠지 맛있는 것을 빼앗아버리는 것 같아 미안하지만, 죄의식과 그 작용에 대한 진실을 알고 나면 다시는 죄책감의 달콤한 유혹에 빠지지 않을 것이다. 죄책감은 '행동으로 옮길 생각이 없는 좋은 의도'라고 바꾸어 말할 수 있다. 여기에서 한 걸음 더 나아가보자. 죄책감을 느낌으로써 우리는 실제 행동은 바꾸지 않으면서도 '좋은 엄마'라는 우월한 지위를 그대로 유지할 수 있다. 정말 수지맞는 장사다! 잘못을 저질러도 죄의식만 느끼면 여전히 좋은 엄마로 남을 수 있다니! 정말 그런 일이 가능한지 의심스러울 정도다. 죄의식을 갖는다는 것은, 잘못인줄 알고 저지르는 일이지만 '알고 있다는' 이유만으로 좋게 평가받는다는 의미를 내포하고 있으니 말이다.

가령 아이와 공원에서 놀아주지 않아 죄책감을 느낀다면, "좋은 엄마라면 나가서 놀아주어야 하는데 나는 그렇게 하지 않았어. 하지만 내가 아이에게 미안해한다는 것은 적어도 놀아주어야 한다는 걸 알고 있다는 뜻이니까 나는 좋은 엄마야. 그러니까 나는 두 가지를 다 이룬 셈이지. 나가서 놀아주지 않아도 되고, 나쁜 엄마라고 생각하지 않아도 되거든. 왜냐하면 나는 미안해하고 있으니까!" 이렇게 복잡하게 머리 굴리는 건 이제 그만두자. 그냥 이렇게 해보자.

1. 두통은 나가서 놀아주지 않아도 되는 정당한 이유다.

→ 죄책감을 가질 필요가 없다.

2. 두통이 나가서 놀아주지 않아도 되는 이유가 안 된다고 생각한다면, 나가서 놀아준다.

→ 역시 죄책감을 가질 필요가 없다.

어느 쪽을 택하든 죄의식은 필요 없다. 다음번에 또 죄책감이 든다면, 죄책감을 가짐으로써 스스로에게 뭔가를 해도 되는, 혹은 하지 않아도 되는 핑곗거리를 주고 싶은 것은 아닌지 자문해보자. 그런 다음 자신의 지위가 위협받는다고 느낄 때가 언제인지도 생각해보자.

## '~할걸' 딜레마

엄마들에게 스스로를 돌보라고 하면, 엄마들은 안 그래도 해야 할 일들이 많은데 거기에 '자기 관리'까지 해야 하냐며 덜컥 겁부터 낸다. 지금도 숨이 넘어갈 지경인데, 뭘 더 하라는 거냐고? 워워⋯ 나는 엄마들이 '~할걸'이라고 후회하며 좌절의 늪에 빠지지 않기를 바라는 것뿐이다. "좋은 엄마가 되려면 할 일이 얼마나 많은데 난 그런 것도 안 하고 여태 뭐했을까." 하는 자괴감에 빠져 스스로를 책망하기가 얼마나 쉬운지 잘 알기 때문이다.

- 어젯밤 저녁을 좀 더 일찍 먹고 조깅하러 나갈걸…
- 주변 엄마들에게 좀 더 알아보고 북클럽을 찾을걸…
- 미리미리 보모를 구할걸…
- 친구랑 주말에 어디라도 다녀와야 할 텐데…

이런 종류의 생각을 해봐야 좌절감만 깊어지고, 우리는 좋은 엄마가 되기에는 스스로 턱없이 부족하다는 생각에 점점 빠져들 뿐이다. 스스로를 기죽이고, 패배자로 만드는 생각을 머릿속에서 어떻게든 몰아내야 한다. 좋은 엄마의 잣대를 계속 들이대봤자 아무런 도움이 되지 않는다. 그저 무거운 짐이 되어 우리를 무겁게 가라앉힐 뿐이다. 이제는 마음을 독하게 먹고 그 짐을 내려놓아야 한다!

넓은 의미에서 자기 관리의 본질은 재충전에 투자하는 것이다. 그러니 결코 짐이어서는 안 되고, 짐이 된다면 아무런 의미가 없다! 어마무시하게 훌륭한 어머니가 되기 위해 꼭 해야 할 일들을 나열한 목록에 '자기 관리'는 넣지 말자. 스스로 잘하고 있는지 아닌지 미션 수행하듯 결과를 체크하지 말라는 뜻이다.

- 요가 - 완료
- 매일 두유와 오메가 3, 6, 9 챙겨 먹기 - 완료
- 주 1회 손발톱 관리 - 완료

- 유명한 작가의 훌륭한 작품 읽기 – 완료
- 예술 후원 – 완료
- 좋은 본보기 남기기 – 완료

'참 잘했어요' 도장이라도 찍어주고 싶지만, 장담하건대 이런 미션 수행 방식으로는 결코 근본적으로 행복할 수 없다. '~할걸'의 덫을 확실히 피하기 위해서는 내가 선택한 '자기 관리' 방식에 대해 자문해보아야 한다. 기분이 좋아진 것이 요가나 달리기를 하는 동안이었는지, 사람들을 초대해서 함께 식사하는 동안이었는지, 아니면 모든 것이 다 끝난 후였는지 말이다.

활동하는 과정에서 즐거움을 느꼈다면 정말 나를 위한 시간을 보낸 것이고, 충족감을 얻을 수 있을 것이다. 우리의 목표는 재충전이다. 하지만 활동을 다 끝내고 나서, 리스트에 체크를 한 후에야 홀가분해졌다면, 진정한 의미의 재충전이 되지 못했을 가능성이 크다. 그저 해야 할 임무를 다한 보람을 느낄 뿐이다. 둘 사이에는 큰 차이가 있다.

우리는 스스로에게 정말 재충전이 될 만한 활동, 하루 종일 그 시간이 되기만을 기다리다가 설레는 마음으로 달려갈 수 있는 그런 활동을 찾아야 한다. 기대만으로도 기분이 좋아지고, 하는 내내 즐거워야 한다. 그러니 더 이상 뒤에 아이들을 줄줄이 달지 않고 장을 보거나 잠깐 외출하는 것으로 스트레스가 해소될 것이라고 기대하지 말자.

재충전이 될 만한 활동에는 어떤 것들이 있을까? 공동텃밭 가꾸기, 그림 그리기, 전시회 관람, 노인 요양시설에 애견을 데리고 방문하는 봉사 프로그램 참여, 화장실 개조, 새 관찰, 요리, 드라마 보기, 컬링, 일기 쓰기, 개와 산책하기, 책 읽기, 봉사, 노래 부르기, 벨리댄스, 유리 공예, 통신 교육, 케이크 장식 배우기 등등. 마음에 드는 대로 골라보자.

못하는 이유는 모두 접어두고, 할 수 있는 방법만 생각해보자. 우리는 종종 방법을 찾아보려는 시도도 하지 않은 채 포기해버린다. 하지만 나는 결국 자신을 위해 기대를 현실로 만든 행복한 엄마들을 많이 만나보았다. 누구에게나 가능하다. 마음만 있다면!

마그, 캐롤, 바네사는 번갈아 외출할 수 있도록 서로의 아이를 돌봐주는 육아 품앗이를 결성했다.
짐과 샐리는 집을 팔고 보물처럼 아끼는 요트를 타고 딸 질리언과 함께 여행을 다니기로 했다. 누구나 내릴 수 있는 결정은 아니다. 하지만 요트 여행은 가족의 꿈이었고, 주택대출 걱정이 없어지니 재정 부담이 줄어들며 여행할 시간은 늘어났다.

## 작은 실험이 가져온 큰 변화

워킹맘 실비에게는 다루기 까다로운 딸이 있다. 그녀는 딸의 별난 행동 때문에 너무 힘들다고 털어놓았다. 매일매일이 눈뜰 때부터 잠들 때까지 전쟁 같았다. 마침내 실비는 백기를 들었다.

실비에게 아이를 돌보지 않는 시간에는 무엇을 하느냐고 물었더니 그런 시간은 없다고 대답했다. 육아와 회사 업무에 치이다 보면 다른 일을 할 시간이 없다는 것이다. 그래서 이번에는 자유로운 시간이 생기면 무엇을 하겠냐고 물었더니 아무 대답도 못했다. 내가 바깥에서 할 수 있는 취미생활을 찾아보자고 제안하자 안 되는 이유를 잔뜩 늘어놓았다.

"여기서 뭔가를 더하기는 힘들어요. 시간도 없고, 돈도 없고…." 자신을 위해 시간을 낼 수 없는 이유들은 끝도 없이 이어졌다. 결국 아주 간단한 활동부터 시작해보기로 했다. 다가오는 일요일 아침에 가까운 스타벅스에 가서 편안한 의자에 앉아 일요일 신문을 처음부터 끝까지 방해받지 않고 읽을 수 있도록 미리 시간을 비워놓기로 한 것이다. 내가 그녀로부터 얻어낼 수 있는 변화는 거기까지였다. 그나마도 가족에게 너무 큰 민폐를 끼친다고 (다 해봐야 두 시간의 휴식과 커피 한 잔 값인데) 염려하는 그녀를 조르고 졸라 얻어낸 약속이었고, 딱 한 번만 시험 삼아 해보는 것이라는 다짐을 받은 후에야 가능했다. 이것은 카운슬러로서 내가 실비에게 내준 숙제였고, 그녀는 사후에 보고서를 제출하기로 했다. 가족들에게 혼자만의 시간을 갖게 해달라고 부탁하기가 그녀에게는 아주 큰일이었다.

결과는 어땠을까? 가족 모두가 실비에게 기꺼이 협조했다. 남편과 딸은 실비가 없는 동안 단 둘이 재미있는 시간을 보낼 수 있게 되었다며 기대에 부풀어 있었다. 첫 번째 일요일, 실비는 실험이 아주 마음에 들었을 뿐 아니라 실험이 끝나고 집에 돌아가서도 오후 내내 딸과 더 잘 지낼 수 있었다. 온 가족이 더 행복해졌다는 것이 눈에 보였다. 아주 작은 첫걸음이었지만, 모두에게 미치는 긍정적 변화를 깨닫고 나자 그녀는 계속해서 자신의 생활에 많은 변화를 주었다. 업무 스트레스를 덜 수 있는 방법을 생각한 끝에 (이전 같으면 엄두도 못 냈을) 탄력 근무를 제안해서 상사의 동의를 얻어냈다. 저녁에 하는 수채화 수업에 등록했고, 일주일에 하루 수업이 있는 날은 남편이 일찍 퇴근해서 저녁식사를 책임지기로 했다. 그렇게 간단한 실험을 해보지 않았다면 결코 시도하지 못했을 일들이었다. 하지만 자신의 행복과 더불어 부수적으로 얻을 수 있는 것들을 체험한 후 그녀는 자신이 행복할 때 가족이 더욱 화목해진다는 사실을 깨달았다. 최근에 실비와 이야기를 나누어보았는데 미술 분야의 학위취득을 고려중이라고 했다.

어떤가? 여러분도 이제 변화를 시도할 준비가 되었는가? 자신을 위해 무엇을 해야 할지 이미 알 것 같은가? 그렇다면 망설일 이유가 없다. 자신에게도 가능할지 확신이 서지 않는다면 도서관에 가서 자기 계발서 가운데 워크북이 딸린 코칭 북을 찾아보자. 독서, 코칭, 카운셀링 가운데 어떤 방식을 택하더라도 중요한 것은 자신을 소중히 여기는 것이다. 자신과 자신의 절실한 욕구를 존중하도록 스스로를 격려하는 것이다. 정신 건강 전문가로서 내가 바라는 것은 여러분이 재충전을 통해 자신의 행복을 찾고, 엄마의 역할에 기꺼이, 적극적으로 임하는 것이다.

아들러의
반전 육아법

| 아이에 대해 |

가슴에 아기를 안은 여자가 말했다.

"아이에 대해 가르쳐주세요." 그러자 그가 말했다.

너의 아이는 네 아이가 아니다.

아이들은 생명이 스스로를 갈망해 얻은 아들딸들이다.

그들은 너를 통해 왔지만 너로부터 온 것이 아니다.

그들이 지금 너와 함께 있다 해도, 결코 너의 소유는 아니다.

아이들에게 너의 사랑을 줄 수는 있지만,

너의 생각을 심어줄 수는 없다.

아이들은 자신만의 생각을 갖고 있기 때문이다.

너는 그들의 몸이 머물 집이 되어줄 수 있지만

그 집 안에 그들의 영혼까지 잡아둘 수는 없다.

그들의 영혼은 내일의 집에 살며, 너는 꿈속에서조차 그 집에

가볼 수 없기 때문이다. ― 칼릴 지브란

정말 강력한 메시지와 궁극적인 진실이 담긴 글이다. 하지만 현실을 직시하자. 내 아이가 식당 놀이방에서 행패를 부리고 있는데 저런 철학적 명상 따위는 가당치도 않다. 이제 막 걸음마를 시작한 남의 집 아이가 '생명이 스스로를 갈망해' 얻은 내 아이에게 떠밀려 바닥에 쓰러진 채 울부짖는데 내 아이는 내 아이가 아니라니? 누가 봐도 걔는 그냥 내 아이다. 우리 모두 칼릴 지브란을 좋아하지만, 칼릴 지브란이 책상 앞에 앉아 시나 쓰고 있을 때, 그의 아내는 사회가 부모에게 적용하는 엄격한 잣대 앞에 놓여 혹시 아이들 옷매무새 하나라도 흐트러지면 자신이 한심한 엄마로 비춰지지나 않을까 노심초사하고 있었을 것이다.

엄마들은 참 무거운 짐을 지고 살아간다. 우리는 마치 엄마를 심사하는 기준이 아이들인 양 생각한다. 아이들이 나무랄 데 없어 보이면, 엄마도 나무랄 데 없어 보인다. 아이들 모습이 보기 안 좋으면, 엄마의 모습도 안 좋아 보인다. 그러니 좋은 엄마는 아이들이 잠시라도 흐트러진 모습을 보이면 안 된다고 생각하나 보다!

엄마라면 누구나 "사람들이 날 어떤 엄마라고 생각하겠어?"라는 생각에 사로잡히게 되는 순간이 있다. 그럴 때 우리는 무슨 짓을 해서라도 아이들의 못된 행동을 저지해서 그 순간의 체면을 구기지 않으려고 한다. 하지만 그런 대응은 효과적인 훈육으로 이어질 수 없다. 남들의 시선에만 신경쓰다 보면 정작 내 아이에게 맞는 훈육방식이 무엇인지 파악할 기회를 놓쳐버리기 때문이다.

2장에서는 '인간과 인간의 가치에 대한 평가'라는 개념 자체에 도전해보려고 한다. 아이들이 발달해가는 모습을 심리학적인 관점에서 자세히 들여다보고, 내가 제안하는 느린 자녀교육 방식을 소개하려고 한다. 마음에 들었으면 좋겠다. 우리는 이제부터 '좋은 엄마의 자녀양육'과 완벽주의의 문제점을 짚어보고, 그 대안으로서 '효과적인 육아'가 무엇인지도 알아보려고 한다. 또, 아이들이 나쁜 행동을 하는 진짜 이유가 무엇인지도 파헤쳐보겠다. 미리 말하지만, 모두가 생각하는 것처럼 문제행동이 전적으로 엄마의 탓은 아니다. 우리는 우선 스스로를 믿는 능력부터 키워야 한다. 효과적으로 자녀를 키우려면 우선 남들의 불필요한 의견에 신경 쓰지 말고, 특히 자신을 몰아세우지 않으면서 스스로 좋은 부모라는 믿음을 가져야 한다.

## 트로피 자녀

데이나는 세 살 난 아들 마크와 저녁을 먹으러 패밀리 레스토랑에 갔다. 마크는 잠시도 가만있지 못하고 앉았다 일어섰다를 반복하다가 의자 위에 올라서기도 하고, 옆 좌석 칸막이 너머로 몸을 내밀어 다른 손님에게 피해를 주기도 했다. 데이나가 아이를 붙잡고 억지로 앉히려고 하자 아이는 "싫어어어!" 하고 소리를 질러 상황을 더욱 악화시켰다. 그래서 데이나는 아이를 놓아주었고, 아이는 다시 일어나 온 식당 안을 돌아다니며 모든 사람들을 불편하게 했다.

아이를 통해 부모가 어떤 사람인지 드러난다는 잘못된 믿음을 갖게 되면, 우리는 아이를 마치 부모의 가치를 결정하는 소유 자산처럼 여기게 된다. 이는 다른 사람의 행동이 나의 가치를 평가하는 척도가 되도록 내버려두는 것이나 마찬가지다. 이것은 옳지 않다. 아이가 부모의 가치를 반영한다는 오해가 널리 확산되면서 많은 부모들이 너무나 극단적인 양육행태를 보이게 되었고, 그 결과 '대리 성취 증후군'이라는 심리학 용어를 새로 만들자는 제안까지 나왔다. 이것은 부모가 자녀를 통해 자신을 과시하려는 욕구를 충족시키고자 병적으로 자녀를 압박하는 경향을 말한다. 소아스포츠 의학 분야에는 어린이 외상환자 급증에 대처하기 위한 전문분야가 필요한 지경에 이르렀다. 부모나 주변의 성인 롤모델들이 아이의 성공이 곧 자신을 빛나게 하리라는 생각에 성장기 어린이들의 신체를 고려하지 않고 무리하게 몰아붙인 결과다.

우리는 행위와 행위자를 분리하여 아이들을 바라보는 데 익숙하다. 하지만 '행동은 미워하되, 사람은 미워하지 않는다'라는 기본적이고도 훌륭한 원칙을 우리 자신에게는 적용하지 않는다. 엄마들은 과연 한 인간으로서 자신의 가치를 엄마로서의 능력이나 자녀의 행동과 분리해서 생각할 수 있을까?

우리는 늘 아이의 잘못에 대한 책임도 성과에 대한 칭찬도 자신의 몫으로 돌리고 싶어 한다. 아이는 정말 좋은 엄마가 만들어낸 '작품'에 불과할까? 아이들은 부모가 자신의 모습대로 빚어낸 진흙덩어리란 말인가? 아무도 진심으로 그렇게 생각하지는 않을 것이다. 그렇다면 왜 우리는 마치 아이들이 엄마들만의 책임인 양 행동하는 것일까? 아이들이 잘한 일은 엄마의 공으로 돌리고 (어디 그뿐이랴, 버릇없는 행동은 부추기고), 반대로 아이가 뭔가 잘못했을 때 아이에게는 전혀 책임을 묻지 않고 엄마 혼자 책임을 떠안는 것은 과연 옳은 일일까?

우리 아이에게 벌어지는 온갖 상황 속에서 아이의 역할은 무엇일까? 우리는 아이들이 창의적 존재이며, 자신의 일을 스스로 결정하고 삶을 이해하고 받아들일 능력이 있다는 점을 무시해서는 안 된다. 아이들은 자신만의 시선과 그들만의 독특하고 주관적인 관점으로 인생을 경험한다. 아이들은 여러 경험을 통해 자신과 세상을 바라보고, 어떻게 세상에 적응해갈지 결정한다. 아이들도 나름대로의 허상을 만들어간다. 자신들의 입장에서 주어진 상황을 이해하고, 자신이 이해한 범위 안에서 깨달은 나름대로의 교훈을 통해 살아가는 데 필요한 요령과 규칙을 터득한다. 이것을 생활양식(lifestyle)이라고 하는데, 이것은 성품과 유사한 개념이며 4세에서 6세경에 형성된다. 아이들이 터득한 교훈들은 패턴화된 믿음으로 자리 잡게 되어 아이들의 행동에 영향을 미친다. 물론 엄마도 아이에게 영향을 미치는 것이 사실이지만, 엄마의 영향력에는 한계가 있다. 엄마는 자신의 능력 밖에 있는 여러 요소들이 아이를 형성한다는 사실을 거부감 없이 받아들여야 한다. 아이는 스스로 중요한 정보는 무엇이고 중요한 인물은 누구인지 판단하고 나름대로 살아가는 데 필요한 규칙을 만들어간다. 때때로 이런 믿음과 규칙들이 버릇없는 행동으로 이어지는데, 이제부터 그 과정을 자세히 들여다보자.

'좋은 엄마'는 자신의 아이가 예의 없이 행동하는 모습을 보았을 때 순식간에 패닉 상태가 된다. 자신의 가치가 손상되지 않으면서도 서둘러 수습을 해야 한다는 생각에 과하게 연연한 나머지 우리는 너무나 자주 근시안적인 판단을 내리고 정확한 의도를 알 수 없는 훈육을 한다. 기왕에 에너지를 소모하려면 적재적소에 써야 한다. 우리의 책임은, 아이들이 협력을 배우고 사회에 기여하는 구성원으로 자라나도록 이끄는 것이다.

## 아들러의 반전 육아법

자녀교육은 오랜 세월이 지난 후에야 그 효과를 확인할 수 있다. 나는 느리게 키우는 자녀교육 방식과 균형 잡힌 생활로 돌아가자는 운동을 지지한다. 이런 접근 방식은 성격이론가인 알프레드 아들러의 권위 있는 연구 결과에 기초하고 있다. 아들러의 개인 심리학은 인간의 행위, 성장, 발달에 관한 현대의 주류 사상의 발판이 되었다. 지금까지도 대부분의 심리 치료는 아들러의 이론을 따르고 있고, 많은 사람들이 그 타당성에 동의한다.

| 알프레드 아들러(1870~1937) |

알프레드 아들러는 의사, 심리학자, 철학자, 인문학자, 작가이자 교육자였다. 그의 사상은 지금도 부모 교육, 학교 교육체제, 카운슬링, 심리 치료, 공공 보건, 정신 건강, 경영, 예술 등 다방면에서 활용되고 있다.

| 아들러 개인 심리학의 요점 |

• 인간의 가장 중요한 특성은 사회적 존재라는 점이다. 소속감을 느끼고, 자신이 받아들여진다고 느낄 수 있도록 관계를 맺어야 한다. 또한 인간은 서로에게 기여하며 살아가야 한다.
• 삶은 모든 부분이 서로 조화롭게 연관되어 있고, 인간은 하나의 통합된 전체로서, (프로이트에게는 미안한 얘기지만) 인간의 내면에서 전쟁을 벌이는 이드(원자아), 에고(자아), 슈퍼에고(초자아) 같은 것은 없다.
• 궁극적으로, 인간이 달성해야 할 과제는 단 세 가지뿐이며, 이 세 가지를 이루기 위해서 평생 노력하고 협력해야 한다.
이 세 가지는 일, 교우, 사랑이다.

- 각각의 개인은 존중받고 품위 있게 살아갈 자격이 있다.
- 모든 행위는 긍정적인 목적을 가진다.
- 우리는 자신에게 득이 된다고 믿는 방식으로 행동한다.
- 인간에게서 변화를 이끌어내는 유일한 방법은 용기를 부여하는 것이다. 우리는 자신이 가진 강점들에 의지해야 하며, 모든 사람은 충분한 강점들을 가지고 있다.
- 우리는 어렸을 때의 경험으로부터 의미를 이끌어내고, 어린 시절의 경험을 통해 이해한 대로 평생 행동한다.

인간의 특성에 기반을 둔 아들러식 교육은 장기적인 접근 방식의 중요성을 강조한다. 운전하면서 슈퍼콤보 햄버거를 먹는 속도로 아이를 키워내야 하는 오늘의 현실에서 장기적인 안목을 갖기란 쉽지 않다. 냉장고에 칭찬 스티커 판을 붙이고, 리탈린(ADHD 치료제, 향정신성 의약품, 집중력 강화에 효과가 있다고 알려져 있다)을 사탕처럼 아이의 입에 넣어주면서 그런 방식이 먼 훗날 어떤 결과를 가지고 올지는 아무 생각도 하지 않는다.

부모로서 내가 성취하고자 하는 것이 무엇인지 자문해보자.
부모로서의 내 역할이 끝나고 아이가 내 품을 떠나 성인이 되었을 때, 내가 무엇을 이루었기를 바라는가?

눈앞의 민망한 상황을 재빨리 해결하고 체면을 세울 수 있게 해주는 빠른 자녀교육법과, 배려심, 문제해결능력, 협동성을 지닌 청소년으로 발달해가도록 격려하는 느린 자녀교육법을 비교해보자.

| 느린 자녀교육 | 빠른 자녀교육 |
| --- | --- |
| **목표:** 책임감 있고 협조적이며 능력 있는 성인으로의 성장 | **목표:** 장기적인 관점에서의 결과나 전반적인 학습 및 발달 등에 대한 고려가 없는 당면한 문제 해결 |
| 앞으로 닥칠 과제에 대한 대비, 권한의 부여 | 보호와 통제 |
| 실수의 허용, 실수를 학습의 기회로 간주 | 실수는 나쁜 것으로 간주 |
| 아이와 함께 하는 교육 | 아이를 위해, 아이에게 주는 교육 |
| 서로 협력하며 살아가도록 격려 | 반항심, 갈등을 부추기거나, 바람직하지 못한 의존성, 욕구의 충족을 장려 |
| 모두가 승자가 되는 윈윈 | 승자와 패자 구분 |
| 특정 행위의 동기가 어떤 믿음에서 비롯되었는지에 집중 | 행위 자체에 집중 |
| 수용적 태도 | 조건적 태도 |
| 비판의 배제 | 평가와 지적 |
| 차이의 존중 | 옳고 그름, 부모의 판단을 일방적으로 강요 |
| 리더이자 안내자로서의 부모 | 명령하고 지적하는 부모 |
| 학습하고 능력을 습득할 여유가 주어짐 | 결론을 일방적으로 제시함 |
| 행동의 결과를 체험함으로써 안으로부터 스스로 동기를 찾도록 유도 | 징벌과 보상을 체험하게 함으로써 외부로부터 통제 |
| **부모의 관심사:** 내 아이가 자신과 타인에 대해 어떻게 느끼고 판단할까? | **부모의 관심사:** 다른 사람들이 부모로서 나에 대해 어떻게 느끼고 판단할까? |

• 출처: 긍정훈육협회, 의학박사 조디 맥비티가 개발한 자료로부터 발췌했다.

두 가지를 나란히 놓고 비교하면 어느 쪽을 선택해야 할지 확연히 드러난다. 하지만 느린 자녀교육을 선택하고자 한다면 사람들에 대해, 그리고 사람들이 어떻게 변화하고 발전하고 성공하는지에 대해 현재 자신이 갖고 있는 개념을 완전히 재정립해야 한다. 대부분의 사람들은 이런 문제에 대해 한 번도 진지하게 생각해본 적이 없을 것이다. 하지만 '좋은 엄마'의 잣대로 자신을 괴롭히는 대신 느린 자녀교육 방식을 선택하려면 반드시 생각해보아야 한다.

### 완벽은 없다, 더 나아질 뿐이다

'느린 자녀교육' 방식을 채택하려면 아이들이 어떻게 성장하고 발달하는지에 대한 약간의 지식이 필요하다. 아들러는 인간과 인간의 본성을 매우 실증적인 모델을 통해 해석하고 있다. 아들러는 인간의 아기는 작고 약하게 태어나기 때문에 누가 봐도 성인보다 열등하고 무능하다는 점을 지적한다. 즉, 상대적으로 어른에 비해 '열등한' 위치에 있다는 것이다. 그런데 놀라운 점은 건강한 아기라면 누구나 성장하고 발달하려는 자연스러운 욕구를 가지고 열등한 상태를 극복하려고 애쓴다는 사실이다. 아이들은 누가 가르쳐주지 않아도 성장하고 더 나아지려는 동기를 가지고 태어난다. 부정적으로 인식되는 상태 또는 '열등한' 위치에서 벗어나 긍정적으로 인식되는 위치를 향해 가고자 하는 움직임을 '지향(striving)'이라고 하며, 우리는 평생 지향(striving)을 멈추지 않고 계속해서 더 나아진다.

여기서 아이들이 이후에 나타내는 나쁜 행동과 관련하여 흥미로운 점이 있다. 아기는 자신이 말하거나 걷지 못한다고 해서 자신에 대해 실망하지 않는다. 아이들은 용기를 타고난다. 즉, 아이들은 불완전한 인간으로서 살아갈 용기를 가지고 태어나는 것이다. 걸음마, 얼마나 힘든 과정인가! 아이들은 끊임없이 넘어진다. 하지만 모든 아이는 좌절하지 않고 계속해서 시도한다. 아이들은 왜 "관두자, 창피해서 못하겠다."라며 포기하지 않을까? 우리 어른들은 수없이 실패한 후에도 그렇게까지 끈질기게 한 가지 과제에 매달려본 적이 있을까? 아이들은 놀라운 용기를 가지고 인생을 시작한다. 그들은 실수를 겁내지 않고 이 세상에 온다. 자신이 얼마나 무능하고 열등한 존재인지를 아무런 두려움 없이 타인에게 드러낸다. 왜 그럴까? 아이들은 아직 부족한 면이 있다고 해서 자신이 보잘것없는 인간이 된다는 인식이 없기 때문이다. 그렇다면 아이들이 계속해서 그러한 인식 없이 살아가도록 키우는 건 어떨까?

인간은 다른 사람의 '위'에 오르기 위해 수직적인 상승을 지향할 수도 있고, 목표를 향해 수평적으로 나아가기를 지향할 수도 있다. 하지만 어릴 때의 인간은 본래 뭔가를 습득하는 데에만 집중하게 되어 있다. 걸음마는 그냥 걷기 능력을 습득하는 과정일 뿐이다. 걸음마에서 얻는 것은 진화의 중요한 한 단계인, 네 발에서 두 발로 걷는 데에 꼭 필요한 다리의 힘과 균형 감각을 습득하는 것이다. 걸음마로 결코 우리의 가치가 결정되지는 않는다. 본능이기 때문이다. 그러나 지향하는 바를 결정하게 되는 시기가 오면 이야기는 달라진다.

수직적 지향과 수평적 지향은 단순히 방향만 달라졌을 뿐이지만, 그 방향의 차이가 한 개인은 물론 그 개인이 자녀를 키우는 방식에 엄청난 차이를 만든다. 그 차이가 어느 정도인지 이제부터 확인해보자.

## 수평적 지향

이것은 느린 자녀교육이 취하는 방향성이기도 하다. 여기서 명심할 것은 한 인간이 수평적으로 나아가기 위해서는 '사회적 평등' 개념에 대한 신뢰가 우선되어야 한다는 점이다. 즉, 아직 걷거나 말하지 못하는 아이도 걷고 말하는 아이와 같은 가치를 지닌다는 점에 동의해야 한다.

사회적 평등은 우리가 다른 모든 인간들과 같은 높이에 있다고 믿는다는 것을 의미한다. 모든 사람들이 현재 어떤 발달 단계에 있건, 능력의 차이가 어떠하건 인간으로서 동일한 가치를 지닌다는 뜻이다. 어린아이는 못하는 것이 많지만, 그렇다고 해서 인간으로서 가치가 덜한 것은 아니다. 누구도 어떤 이유에서건 다른 이들보다 우월하거나 열등하지 않다. 누군가를 다른 사람보다 더

낮다거나 더 못하다고 생각하는 것은 옳지 않다. 인간으로서 우리가 타고난 가치는 그 무엇으로도 달라지지 않는다. 인간인 이상 그 확고한 가치는 올라가지도 내려가지도 않는다. 우리의 가치는 이렇게 안전하게 보장되어 있으니, 안심해도 좋다! 얼마나 근사하고, 힘이 되는 말인가!

평등이라는 개념에 단지 철학적으로 동의하는 것만이 아니라 뼛속까지, 온몸과 마음으로 공감해야 한다. 모든 사람이 평등하다는 근본 원칙을 늘 의식한다면 우리는 수평적인 방향으로 성장하고, 긍정적인 방향을 지향할 수 있을 것이다.

인간으로서의 나의 위상이 위태로워질 수 있다는 (사실과 전혀 다른) 우려에서 벗어날 수 있다면, 실패하든 남들 눈에 덜떨어져 보이든 아랑곳하지 않고 주어진 과제에 집중할 수 있다. 더 나아진 자신을 기대하기 전에 우선 지금 상태 그대로의 나 자신에 대해 (그것이 무엇이든) 만족해야 한다. 이 원칙은 엄마들뿐 아니라, 말썽꾸러기 자녀들에게도 똑같이 적용된다. 이런 형태의 긍정적인 지향은 개선과 성장, 점진적인 자기 개발로 이어지고, 결국 해야 할 일들을 두려움 없이 하게 된다. 이러한 행동에는 어떤 비판도 있을 수 없다. 우리는 엄마로서 달인의 경지에 이를 수 있다. 엄마로서 성장하고 발전할 준비가 되어 있는가? 지금의 나를 긍정적으로 받아들일 수 있는가? 더 많은 실수를 감당할 수 있는가? 실수가 없으면 성장도 없다. 하루 열 번의 실수를 목표로 매진해보자.

수평적 지향을 통해 우리는 진심으로 다른 사람의 행복을 바라게 된다. (아들러식 용어로 공동체 감각(social interest)을 갖게 된다.) 더 이상 높이 오르기 위해 다른 사람과 대결할 필요가 없기 때문이다. 우리는 자기중심적인 이익을 넘어 더 나은 상황을 만들고, 모두에게 이익이 되는 방법을 찾기 위해 노력하게 된다. 이렇게 말로 표현하면 매우 쉽고 단순할 것 같지만, 수평적 지향을 추구하는 것은 평생 거듭해야 할 도전이자 다짐이다. 나는 매일 이런 철학적 원칙들을 잊지 않고 떠올리고자 노력한다.

## 수직적 지향

이제부터는 이야기가 완전히 달라진다. 대다수의 사람들이 경쟁적이고 개인주의적인 문화에서 살아가기 위해 수직적 상승을 지향하는 교육을 받아왔다. 수직적 지향은 한 사람이 올라서기 위해서는 다른 누군가가 내려와야 한다는 오해에 기반한다. 수직적 지향은 본질적으로 인간이 사회적 서열의 일부이고, 따라서 서로 간에 우열이 존재한다는 것을 전제로 한다. 수직적 사고를 통해 능력이 탁월하지 못하거나 당장 높은 성취를 이룩하지 못한 사람들은 스스로 열등하다고 느끼게 된다. 열등감은 심한 불안감을 야기한다. 왜냐하면 자신의 가치와 위상이 떨어진다고 믿기 때문이다. 우리는 열등감을 느낄수록 그런 감정을 극복하려고 발버둥 친다. 잘 알려진 '나폴레옹 콤플렉스'는 과도한 노력이나 지나친 야심이 열등감 극복을 위한 보상노력의 일환이라고 설명한다. 자신의 가치를 높이기 위해서 우리는 무리하게 노력한다. 스스로 보잘것없다고 느낄수록 마치 대단한 사람인 것처럼 행동한다. 열등감이 심할수록 자신의 우월함을 과시하려 한다.

수직적 지향을 추구할 때 사람들은 다른 사람보다 우위에 서고, 타인을 지배하고, 조종하고, 힘을 행사하고, 남들보다 높이 올라가고, 남들보다 높은 가치를 지니려고 한다. 많은 '좋은 엄마'들이 추구하는 신의 경지라고 할 만한 완벽함 또한 이런 수직적 지향이다. 수직적 지향은 본질적으로 경쟁적이다. 왜냐하면 나 이외의 모든 사람들을 나와 경쟁하는 위협적인 존재로 보기 때문이다.

아래의 표에서 수직적 지향과 수평적 지향의 가장 중요한 차이점들을 알아보자.

| 수직적 지향 (부정적/경쟁적 추구) | 수평적 지향 (긍정적/비경쟁적 추구) |
| --- | --- |
| '내'가 중심이다. | '임무'나 '과제'가 중심이다. |
| 어떻게 하면 다른 사람보다 돋보일 것인가? | 과제를 완수하는 데 내가 무엇으로 기여하고 도울 것인가? |
| 외부로부터의 동기부여 (상과 벌) | 내부로부터의 동기부여 (즐거움, 만족감) |
| 열등감에 대한 불안 | 자신감과 평등의식 |
| 완벽의 추구, 실수의 거부 | 최선을 다하고, 실수를 받아들이고 실수로부터 학습할 수 있는 용기 |
| 전제주의 | 민주주의 |

| | |
|---|---|
| 타인의 평가에 의해 자존감이 결정된다. | 자존감은 문제가 되지 않는다. |
| 사람들 간에 거리가 생긴다. | 사람들을 가깝게 만든다. |
| 성과의 부진 | 성과의 향상 |
| 행위 = 행위자 | 행위 = 행위자 |
| 내가 최고가 될 수 없는 일은 할 가치가 없다. | 정말 할 만한 가치가 있는 일이라면, 완벽하게 할 수 있는지 여부는 문제가 되지 않는다. |
| 완벽 | 학습을 통한 발전 |

불완전한 자신을 있는 그대로 받아들일 수 있을 때 우리는 새로운 자질을 얻는다. 즉, 용기를 부여받는다. 우리는 자신의 불완전한 점들과 마주할 용기, 자신이 가진 결점에도 불구하고 인생의 어려운 시련에 맞서 계속 살아갈 용기를 얻는다. 뒷걸음질 치는 대신 성장을 선택하게 된다. 다른 사람들에게 자신의 결점을 드러내는 한이 있어도 주저 없이 앞으로 나아간다. 자기중심적인 가치, 지위, 욕구에 굳이 집착할 이유가 없어지면 정말 해야 할 일이 무엇인지 볼 수 있게 되고 우리는 계속 성장을 향해 나아가게 된다! 이제 우리는 자신의 불완전한 상태에 대해서도 당당할 수 있다. 다른 사람들의 비난의 말에도 의기소침해지지 않는다. 그것은 그저 그들의 의견일 뿐이고, 의견을 갖는 것은 그들의 권리임을 인정하기 때문이다. 심지어 그들의 견해가 옳은 것은 아닌지 잠시 생각해보고, 그들의 비판으로부터 배울 점을 찾아내는 여유도 생긴다.

다시 데이나의 사례로 돌아가보자. 데이나가 수평적 지향을 추구한다면 식당에서의 마크의 부적절한 행동에 대해, 체면이 깎일까, 다른 사람들이 안 좋게 생각할까 괜한 걱정할 필요 없이, 스스로 생각하는 최선의 방법으로 대처할 수 있다. 자신의 대처방식이 그녀의 가치와 인격에 아무런 영향을 미치지 않는다고 확신하는 한 자유롭게 아이를 지도할 수 있다. 데이나의 경우를 비롯해 아이를 키우면서 겪는 여러 가지 어려운 상황에 대처하는 법은 이 책의 후반부에서 다시 다루기로 하고, 여기서는 데이나가 타인의 비판적 시선을 두려워하지 않고 효과적으로 아이를 지도할 수 있게 되었다는 점을 기억하자.

| 씨앗 |

장미 씨앗을 땅에 심을 때 우리는 씨앗이 얼마나 작은지 깨닫지만 결코 뿌리와 줄기가 없다며 씨앗을 비난하지 않는다.
씨앗은 아직 씨앗일 뿐임을 받아들이고, 씨앗에게 필요한 물과 양분을 준다.

씨앗에서 처음 싹이 터 흙을 뚫고 나올 때에,
미숙하고 덜 자랐다며 새싹을 책망하지 않는다.
봉오리가 맺힌 것을 보고 피어나지 못했다며 비난하지 않는다.
우리는 씨앗이 자라나는 과정을 경이롭게 지켜보며 한 단계 한 단계 자랄 때마다 필요한 것을 모두 내어준다.

장미는 씨앗일 때부터 죽을 때까지 장미다.
그 안에는 늘 장미의 모든 잠재력이 들어 있다.
장미는 끊임없이 변화하고 있는 것 같지만
매 단계, 매 순간, 그 모습 그대로 완벽한 장미다. – 갤러웨이

### '완벽한 엄마'의 유혹

문제는 많은 엄마들이 아이를 기다리고, 아이가 제 속도에 맞춰 성장하고 발전하기를 원하지 않는다는 것이다. 사실 우리는 그 모습 그대로의 자신이 별로 마음에 들지 않는다. 늘 뭔가 잘못해서 야단맞는 기분이다. 완벽한 엄마가 되어야만 만족할 수 있을 것 같다.

완벽주의 엄마들을 보고 있으면 경이롭다. 사회는 높은 기준을 세워놓고서 늘 쉽게 성공하고 원하는 바를 이루는 사람들을 숭배한다. 우리도 그런 존경과 인정을 갈망한다. 완벽한 엄마들이 들고 다니는, 동화 메리 포핀스에나 나올 법한 어마어마한 기저귀 가방에서는 상황에 따라 필요한 물건들이 마법처럼 튀어나온다. 모래놀이터에서 놀다가 고무젖꼭지를 떨어트리면 어느새 살균한 새 젖꼭지가 나오고, 아이 간식도 안 챙겨 다니는 모자란 엄마들에게 나눠줄 여분의 건포도도 나오고, 어느 미치광이가 건포도

회사에 독극물을 살포했을 경우에 대비한 구토제까지 들어 있다!

우리는 그들의 놀라운 능력이 부러워 유치하게 질투를 하는 것이 아닐까? 완벽주의 엄마도 나름 행복해 보인다. 친구들도 있고, 예쁜 집도 있고, 사랑스러운 아이들도 있다. 경쟁에 매달리는 것 같지도 않다. 건포도도 나누어주지 않았는가? 어쩌면 완벽주의가 꼭 나쁜 것만은 아닐지도 모른다는 생각이 슬그머니 든다면, 마음을 정하기 전에 잠깐, 소위 '완벽한 엄마의 뇌' 속을 들여다보고, 완벽해지기 위해 지불해야 하는 대가는 과연 무엇인지도 살펴보자.

### 완벽한 엄마의 뇌 속에 들어가봤더니…

완벽주의자는 성취와 개인의 가치를 연관시키는 수직적이고 경쟁적인 육아 모델 안에서 자라난 사람들이 갖는 전형적인 문제를 보여준다. 어린아이가 매번 어떤 과제를 완수할 때마다 아이의 부모가 색종이를 뿌리며 축하했다고 상상해보자. "조니가 변기에 응가를 했네! 카메라 가져와, (농담 아님) 할머니께도 전화하고. 우리 아기 칭찬 스티커도 붙여야지." 반대로 사소한 잘못 하나하나에 대해 지적을 받으며 자랐다면 어떨까? "안 돼, 그렇게 하는 거 아니야 집중해봐, 선 밖으로 나가지 않게 색칠해야지."

수직적 상승을 지향하는 환경에서 자란 아이는 세상의 본질, 성공과 행복, 인간의 상호 연관성에 대해 흥미롭긴 하지만 터무니없이 잘못된 판단을 하고 만다. 이 작은 아이들은 우리 인간이 할 수 있는 가장 어려운 질문에 대해 미취학 아동의 인지적 능력으로 답을 구한다. 그러니 몇 가지 오류는 필연적이다! 또한 아이들은 부모들의 잘못된 양육으로 인해 의기소침해한다. 부모들은 아이들을 평가하려 하고, 설령 긍정적 평가라고 할지라도 누구나 평가의 대상이 되면 기가 꺾인다.

완벽주의자의 생활양식은 단순하고, 오류투성이이며, 확고하고, 극단적인 사고에 기반하고 있다. 불행히도, 잘못된 사고가 마치 진실처럼 여겨지면서 아이들은 잘못된 믿음을 가진 채 성인이 된다.

완벽주의자들은 다음과 같이 믿는다.

- 가치 있는 인간이 되기 위해서는 완벽해야 해. 완벽하지 못하면 나는 쓸모없는 인간이 되어버려.
- 한 번의 실수로 나는 실패자가 된다.
- 내가 실수를 하면 나는 완벽하지 못한 사람이 되고 사람들은 나라는 인간 자체를 거부할 거야.
- 세상에 올바른 길은 하나 밖에 없어. 거기에는 엄격한 규칙이 적용되지. 내가 올바른 길을 선택한다면 나는 완벽한 사람이야.

오해나 잘못된 믿음이 갖는 또 다른 문제는 한번 믿기 시작하면 헤어 나오기 힘들다는 데 있다. 잘못이라는 증거, 즉 믿고 있는 바를 부정하는 엄연한 증거가 눈앞에 있어도 사람들은 그 증거를 무시하기 때문이다. 가령 완벽주의자들은 타인의 노력이나 실수를 눈앞에 두고도 알지 못한다. 다른 사람들도 열심히 노력하고 실수도 한다는 점은 무시한 채 그들의 대단한 실적이나 놀라운 능력에만 집중하기 때문에 다른 사람들에게서 모방하고 싶은 일종의 완벽성만을 본다. 완벽주의자들은 인간은 완벽해질 수 있다는 믿음에 너무나 깊이 빠져 있다.

### 완벽주의 엄마가 걸리기 쉬운 덫

비논리적인 사고는 완벽주의자들을 점점 깊은 악순환의 늪에 빠트린다. 즉 '완벽한 엄마 되기' 같은, 비현실적으로 높은 목표나 비논리적인 기준을 세운다.

→ 완벽해지기 위해 안간힘을 쓴다. → 실현 불가능한 목표이므로, 당연히 실패한다. → 실패한 자신을 몰아세우며 스스로를 비난하고 비판하고 조롱한다. → 자신의 가치에 위협을 느끼고, 이는 불안과 우울로 이어진다. → 더 열심히 노력하면 완벽해질 수 있다는 믿음을 가지고, 노력을 배가하기로 결심한다. → 출발점으로 되돌아온다. 이번에는 이전보다 더 비현실적이고 실현 불가능한 높은 목표를 세운다.

미친개가 자신의 꼬리를 쫓아 빙글빙글 도는 모습이 연상된다. 한때 우상처럼 떠받들던 완벽주의자들의 매력이 이제는 좀 덜해지지 않는가?

다행히도, 우리는 용기를 부여하는 삶을 의식적으로 선택할 수 있다. 완벽과 우월 대신 배움과 성장을 선택할 수 있고, 인간의 가치에 대한 낡은 인식에 도전할 수도 있다. 다른 사람을 비판하는 입장에서 그들을 우리보다 우월하거나 열등한 사람으로 분류하는 대신, 인간의 서로 다름을 존중할 수 있고 실수를 배움의 기회로 볼 수 있다. 따라서 자신의 삶이 고통스럽다면 그중 많은 부분은 스스로 선택한 결과다.

분명한 것은, 다른 사람들의 비판적인 시선을 극복하는 첫 번째 단계가 다른 사람들을 비판적으로 보지 않는 것이라는 점이다. 타인을 상, 중, 하로 평가하는 시선을 거둠으로써 타인의 시선으로부터 자유로워지는 기적 같은 일이 일어난다. 개개인의 차이를 받아들이고, 저마다 성장의 속도가 다름을 인정할 때, 타인과 세상에 대한 우리의 경험은 완전히 달라진다.

사람들은 제각각 나름대로의 허상에 사로잡혀 있고, 인생을 자신만의 주관적인 시선을 통해 바라본다. 모든 인간은 모든 것에 대해 자신만의 독특한 현실인식과 의견을 갖는다. 다른 사람들이 엄마로서의 나에 대해 다른 관점, 다른 의견을 가지고 있다는 사실을 당연하게 받아들이자.

## 아이의 나쁜 행실은 엄마 탓?

이제 우리는 좋은 엄마라는 허깨비를 쫓는 일은 그만두고 완벽주의 성향(아주 어렸을 때, 가령 여섯 살 때부터 몸에 밴 이후로 실수를 통해 배우고 성장하는 일을 극도로 어렵게 만든 바로 그 완벽주의 성향)도 버리겠다고 마음먹었다. 하지만 눈앞에 펼쳐진 현실에서 나는 점잖은 식당에 와 있고 내 아이가 종업원에게 1회용 커피크림을 던지고 있다. 아이가 말썽을 피울 때만큼 엄마로서 자신이 한심하고 주위의 시선이 따갑게 느껴질 때도 없다. 잘못은 아이가 해도 욕은 엄마가 먹는다. '아이는 엄마하기 나름'이라는 불변의 진리 앞에 우리는 어떤 동정도 받지 못한 채 어린 시절 학습한 행동 양식을 반복한다.

그렇다면 우리는 아이의 '나쁜 행동'에 대해 얼마나 알고 있을까? 엄마는 아이의 나쁜 행동에 얼마나 영향을 미치는 걸까? 이제부터 아들러의 이론에 의거해 아이의 '나쁜 행동'을 하나씩 분석해보겠다. 다 읽고 나면, 지금은 감당할 수 없을 것 같은 상황도 분명한 목적의식과 자신감을 가지고 대처할 수 있을 것이다.

앞서 살펴본 대로 인간의 아기는 열등한 상태로 세상에 오지만 창의적인 노력을 통해 삶을 이해하고, 자신만의 독특한 '생활양식'을 창조한다. 아기는 자신이 누구이고, 다른 사람들은 어떤 사람들이고, 세상이 어떻게 돌아가는지 알아내려고 애쓴다. 그중 가장 중요한 것은 수많은 타인 가운데에서 자신의 자리를 찾아내는 것이다. 자신의 자리를 찾고 소속감을 갖기 위해 노력하는 것 역시 일종의 '지향'이다. 아이는 다른 이들과의 관계에서 의미와 중요성을 가질 수 있는 행동방식을 찾아야만 한다.

안토넬라가 식사 준비를 하고 있는데 아들 토니가 부엌에 들어온다. 안토넬라는 토니에게 샐러드 만드는 걸 도와주겠냐고 묻는다. 토니는 의자를 조리대로 밀고 와서 샐러드 볼에 양상추를 뜯어 넣는다. 안토넬라는 토니의 행동이 얼마나 큰 도움이 되었는지 이야기해준다.

각각의 경험을 통해 토니는 자신의 '생활양식'에서 가장 단순하면서도 중요한 항목들을 채워나간다.

인생은 ________하다.
사람들은 _______하다.

나는 ___________하다.

그러므로 이 세상에서 어려움을 이기고/소속되어/살아남기 위해 나는 ___________해야 한다.

토니가 지금의 경험으로 어떤 결정을 내릴지 확실히는 알 수 없다. 그저 대충 짐작할 뿐이다. 아마도 토니는 인생은 그럭저럭 행복하고 세상은 안전하다는 결론에 도달할 것이다. 또 사람들은 친절하고 자신은 괜찮은 아이라는 지식과 함께, 다른 사람을 돕는 것이 소속의 방법이라는 점도 학습한다. 긍정적인 방향의 지향이다! 토니는 자신의 가치를 긍정하며 다른 사람을 돕는다. 시작이 좋다.

그 다음으로 토니는 감자를 씻는다. 그런데 싱크대에 물을 너무 세게 틀어놓는 바람에 감자를 갖다대자 물이 사방으로 튄다. 이것은 '나쁜 행동'이 아니라 실수다. 하지만 엄마의 반응에 따라 토니가 같은 행동을 반복할 가능성은 커질 수도 줄어들 수도 있다. 엄마가 부산을 떨며 토니의 옷과 주변에 튄 물을 닦아내느라 바쁘게 움직인다면, 토니는 물을 뿌리는 것이 엄마의 관심과 참여를 얻어내는 방법이라고 학습할 지도 모른다. 엄마가 완벽주의 성향을 자제하고 침착하게 반응한다면, 토니는 실수는 나쁜 것이 아니며, 새로운 것을 학습하다가 생기는 실수로 타인과의 관계가 나빠지지 않는다는 것을 배운다. 따라서 아이는 계속해서 긍정적 변화를 지향한다.

키튼은 엄마가 저녁 준비를 하는 동안 부엌의 작은 테이블에서 그림을 그리고 있다. 그런데 키튼의 사인펜이 자꾸만 종이를 벗어나면서 테이블 위에 사인펜 자국이 생긴다. 키튼은 재밌어하며 웃는다. 엄마는 계속해서 종이 밖으로 그림이 삐져나오지 않도록 조심하라고 주의를 주며 아이의 행동을 살핀다. 자꾸 그러면 사인펜과 종이를 치워버리겠다고 으름장을 놓지만 실행에 옮기지는 않는다. 엄마는 아이가 테이블 위에 그림을 그리지 않는지 지켜본다.

여기서 키튼의 행동은 실수가 아니라 '나쁜 행동'이라고 말해도 무리가 없을 것 같다. 아이의 행동은 분명 의도적이다. 키튼이 테이블 위에 그림을 그리는 데에는 이유가 있다. 무슨 목적으로 그런 행동을 하는 걸까?

알프레드 아들러의 제자 루돌프 드라이커스 박사는 모든 아이들이 처음에는 협력을 통해 소속감을 얻으려고 하며, 협력을 통한 노력이 성과를 얻지 못했을 때에만 우리가 '나쁜 행동'이라고 부르는 부정적이고 비협조적인 방식을 택하게 된다고 생각했다.

키튼은 테이블 위를 온통 그림으로 뒤덮어도 개의치 않을 것이다. 아이는 자신의 행동이 잘못임을 느끼지 못한다. 사실, 키튼의 입장에서 보면 테이블 위에 그림 그리기는 자신이 처한 문제를 해결하기 위한 방법이다. 아이는 엄마의 관심을 계속해서 얻을 수 있는 간단한 방법을 발견했다. 키튼이 깨달은 바에 따르면 엄마는 시키는 대로 얌전히 그림을 그릴 때는 관심을 보이지 않다가, 테이블 위에 그림을 그리면 자신을 봐준다. 즉 협조적인 행동으로는 엄마의 관심을 끌 수 없으므로, 비협조적인 방법으로 태세를 전환한 것이다.

## 아이들이 나쁜 행동을 하는 이유는 효과적이기 때문이다

완벽주의 엄마들에게서 살펴보았듯이 우리는 스스로 믿는 대로 행동한다. 아이들도 엄마들처럼 나름대로의 잘못된 믿음을 갖게 된다. 인간의 행동을 이해하기 위해서는 그 행동이 어떤 믿음에서 나온 것인지 알아야 한다.

세간에 떠도는 자녀교육에 관한 조언들을 살펴보면 소위 '증후군'에 대해 일회용 밴드처럼 쉽고 빠른 해결책을 제시하곤 한다. 하지만 가령 가슴에 통증이 있을 때 올바른 치료법을 찾기 위해서는 위산 역류에 의한 통증인지 아니면 심장질환에 의한 통증인지를 먼저 파악해야 하지 않을까? 마찬가지로 아이의 문제 행동을 바로잡고 올바른 방향으로 이끌기 위해서도 행동의 근원을 이해하는 것이 먼저다. 나는 엄마들에게 아이들이 문제행동을 하는 목적을 '진단하는' 법을 가르쳐주려고 한다. 아이들이 무엇을 얻어내려고 하는지를 파악하고, 긍정적이고 협조적인 방식으로 원하는 것을 얻을 수 있도록 이끌어보자.

아이들이 문제행동을 할 때, 그들이 원하는 바는 네 가지, 즉 '1. 관심, 2. 권력, 3. 보복, 4. 회피'로 요약할 수 있다.

이 네 가지의 차이점을 이해하는 것이 중요하다. 왜냐하면 각각의 원인에 따라 부모의 접근 방식도 달라져야 하기 때문이다. 가령 힘을 원하는 아이에게 부모가 관심을 쏟는다고 해서 문제행동이 해결되지는 않는다. 아이들이 문제행동을 통해 어떤 결과를 기대하는지, 부모의 반응이 어떻게 그들의 믿음을 강화하고 문제행동을 지속하게 만드는지 살펴보자.

## 관심

부모의 관심을 요구하는 아이들은 사람들의 관심이 자신에게 쏠릴 때에만 자신이 중요한 존재가 된다는 잘못된 믿음을 가지고 있다. 이런 아이들은 남들이 관심을 보이지 않으면 자신이 더 이상 중요한 사람이 아니라고 생각한다. 물론 그게 사실이 아님을 우리는 알지만 아이들은 모른다. 아이들은 자신이 믿는 대로만 행동하기 때문에, 늘 주목받으려고 하고 엄마가 자신을 향해 관심을 기울이게 하기 위해서라면 무엇이든 한다. 흔히 생각해내는 방법은 엉뚱한 곳에 물을 뿌리거나 집에서 키우는 식물의 잎사귀를 뽑아버리는 등 엄마의 신경에 거슬리는 행동을 하는 것이다. 또 어떤 아이들은 길에서 안아달라고 하거나, 음식을 떠먹여달라고 하거나, 숙제하는 동안 밤새 옆에 있어달라고 하는 등, 뭔가를 해달라고 떼를 쓰기도 한다.

그렇다면 아이들의 목표가 관심 끌기인지 아닌지 어떻게 판단할 수 있을까? 이런 경우 부모는 보통 아이의 행동 때문에 답답하고 짜증이 난다. 관심을 요구하는 아이들에게 반응하느라 많은 시간을 소모하기 때문이다. 잔소리도 하고, 규칙을 다시금 일깨워주기도 하지만, 대부분 아이들이 원하는 대로 해주게 된다. 어떤 반응이든, 부모의 그런 무의식적인 반응을 통해 아이들은 보상, 즉 애초에 문제행동을 통해 기대했던 효과를 얻게 된다. 우리가 아이의 문제행동을 야기한 것은 아니지만, 결과적으로 문제행동을 통해 원하는 반응을 얻어낼 수 있다는 점을 가르쳐준 셈이다.

여기서 우리는 아이의 유일한 목표가 엄마의 관심을 끄는 것임을 깨달아야 한다. 만약 엄마가 아이의 의도를 간파한다면, 아이의 행동에 반응을 보이지 않을 것이고, 그러면 아이는 예전처럼 자신의 방식이 잘 먹히지 않는다는 것을 경험을 통해 학습하게 될 것이다. 키튼의 경우, 엄마는 잔소리를 하거나 나쁜 감정을 드러낼 필요 없이, 그냥 사인펜을 얼른 치워버리면 된다. 아이는 원하는 반응을 끌어내지 못하면 행동을 멈출 것이다. 하지만 여기서 끝이 아니다. 행동은 해결했지만, 아이의 머릿속에 잘못된 믿음이 아직 남아 있다. 아이가 자신의 가치를 올바로 깨닫도록 일깨우고, 아이가 억지로 관심을 구하지 않으면서 부모와 소통할 수 있는 긍정적인 방식을 제시해주어야 한다.

## 힘

아이들도 힘을 가져야 한다. '힘'이라는 말에 거부감을 느낄 필요는 없다. 아이들도 권한을 부여받았다고 느껴야 한다. 아이들은 자신의 능력을 깨닫고, 자신의 인생에 대해 의견을 내거나 스스로 통제할 수 있을 때 권한을 부여받았음을 느낀다. 하지만 그러지 못할 때는 부정적인 방법으로 힘을 쟁취하려고 하고, 그러는 과정에서 종종 자신을 위협적인 이미지로 만들려고 한다. 엄마가 아이에게서 힘을 뺏을수록 아이는 나폴레옹처럼 더욱 엄마 위에 군림하려 할 것이다.

아이의 목표가 관심인지 권력인지는 우리가 어떤 감정을 느끼느냐로 판단할 수 있다. 관심 끌기를 목표로 하는 아이의 '나쁜 행동'은 우리를 성가시게 하지만, 힘을 요구하는 아이의 행동은 말 그대로 엄마를 미치게 한다. 화가 난 엄마는 아이에게 맞서 싸우고, 아이를 눌러 이기려고 한다. 당연히 상황은 더욱 격해진다.

이럴 때 우리가 해야 할 일은 아이가 가족 내에서 긍정적인 권한을 체험하도록 해주는 것이다. 아이는 현재 자신이 무력하다는 것, 권한을 갖고 싶다는 것을 행동을 통해 말한다. 아이는 자신의 삶에 대해 더 많은 결정권을 가질 준비가 이미 되어 있음을 우리에게 온몸으로 알려준다. 우리는 아이에게 권한을 부여하면 골칫거리만 더 늘어날까 봐 꺼려하지만, 사실은 그 반대다. 아이가 긍정적인 힘을 갖게 되면, 더 이상 부정적인 힘을 얻으려고 할 필요가 없어진다. 어떻게 아이에게 긍정적인 권한을 부여할 수 있는지는 이 책 후반부에서 자세히 알아보도록 하자. 식당에서 말썽을 일으킴으로써 자신이 엄마를 이길 수 있음을 보여주려 한 마크도 다른 방법으로 자신의 권한을 체험해야 한다.

## 보복

아이들이 보복을 결심한다고 해서 폭력적인 소시오패스라는 뜻은 결코 아니다. 보복이 목표인 아이의 엄마는 대개 가족 간의 문제로 크게 상심해 있는 경우가 많다. 가족 구성원 모두가 불행해진 상태다. 아이가 먼저 보복을 하려고 나서는 경우는 없다. 아이의 보복행위는 스스로 상처받았다고 여길 때에만 나타난다. 당한 대로 되돌려주려는 것이다. 보복의 목표는 부모에게 자신을 지금처럼 무시하면 안 된다는 것을 알려주려는 것이다. 아이는 또 자신이 얼마나 상처받았는지 보여주려 한다. 아이가 보내는 신호를 마음으로 받아들이자. 최악의 말썽꾸러기는 마음의 상처로 인해 가장 크게 고통받은 아이다. 엄마는 아이의 상처와 고통을 먼저 치유해주어야 한다. 아이의 목소리를 듣는 법을 배워야 한다. 그래야 아이의 감정 소리를 듣고, 그들의 주관적인 세상 속으로 들어가, 아이의 눈으로 그들의 삶이 어떤지 들여다볼 수 있다. 왜 아이가 그렇게 아파하는 걸까? 우리는 너무나 자주 아이의 감정을 '틀린' 것으로 치부해버리고 "너보다 동생을 더 사랑하는 게 아니야. 네가 틀렸어. 왜 그런 바보 같은 소리를 하니?"라고 말하곤 한다.

## 회피

문제 행동의 네 가지 동기 가운데 마지막인 회피는 아이가 느낄 수 있는 가장 심각한 수준의 좌절을 드러낸다. 아이는 거부당했다고 느낀다. 아이가 느끼는 슬픔은 너무나 크다. 어떠한 노력도 소용이 없다고 믿게 된 아이는 이제 포기하기에 이른다. 아이가 느끼는 스스로의 가치는 거의 바닥 수준이고 더 이상의 실패를 감당할 수 없다. 그래서 아이는 아무 것도 하지 않으면 실패할 일도 없다는 결론에 도달한다. 누구나 그렇지 않을까? 그런 아이는 우리가 "난 두 손 들었어. 이 아이 엄마로서 할 수 있는 일은 다 했어!"라고 포기해버릴 때까지 완벽하게 무능함을 연기한다. 말할 필요도 없이 그런 반응이야말로 아이가 바라던 것이다! 부모가 자신에게 아무것도 기대하지 않으면 모든 부담도 사라질 테니까.

아이의 나쁜 행동 뒤에 숨은 의도를 이해했다면, 이제 아이들에게 부모가 결코 그들을 포기한 것이 아니라는 점을 분명히 느끼게 해주어야 한다. 아울러 아이들의 문제행동을 통해 부모는 아이들이 부모로 인해 힘들어한다는 점을 깨닫고 한 걸음 물러나 아이들에게 믿음을 보여주어야 한다. 아이들은 자신이 지금 그대로도 사랑받는 존재이고, 가치 있는 존재임을 알아야 한다. 자신의 가치를 새롭게 느끼고, 스스로의 모습에 만족할 때, 아이들은 다시 성장을 시작할 수 있다.

부모 스스로 아이의 행동 뒤에 숨은 동기를 '진단'해볼 수 있도록 다음 페이지에 요약 표를 준비했다.

현실에서 아이의 나쁜 행동을 접할 때, 아이에게 필요한 것은 스스로 가치 있는 존재이며 지금 자신이 속한 곳에서 인정받고 있다는 확신임을 잊어서는 안 된다. 아이가 가족 내에서 긍정적 역할을 수행하고 참여해 좌절감을 극복하고 자신의 가치를 깨닫도록 우리가 돕는다면 아이는 나쁜 행동을 멈출 것이다. 어른들이 그렇듯 아이들도 무력감에서 벗어난다면 긍정적인 방향을 지향할 것이다. 엄마들이 아이들에게 용기를 주는 법을 배우고, 아이의 행동에 대한 자신의 반응이 사실은 문제행동을 더욱 지속시키고 있음을 깨닫는다면 아이들을 도울 수 있다. 이 책을 읽어나가면서 우리는 아이들의 문제행동이 실제 가족관계 안에서 어떤

| 아이들의 잘못된 믿음 | 믿음 | 단서 1:<br>부모의 감정적 반응 |
| --- | --- | --- |
| 어른들이 관심을 보이고 보살펴줄 때에만 내가 중요한 존재임을 확인하고, 소속감을 느낀다. | 관심 | 짜증 |
| 내가 대장일 때, 또는 다른 사람의 권위에 절대로 복종하지 않는다는 것을 분명히 보여줄 때에만 내가 중요한 존재임을 확인하고 소속감을 느낀다. | 권력 | 분노<br><br>부모로서 권위가 위협받았다는 생각에 격분 |
| 다른 사람들에게 상처받은 만큼, 나도 다른 사람들을 상처 입혔을 때에만 내가 중요한 존재임을 확인한다.<br>어차피 아무도 나를 사랑하지 않으니까. | 보복 | 상처 |
| 어차피 아무도 인정해주지 않을 테니 노력해도 소용없다.<br>어른들이 기대할 여지를 주지 말아야 한다.<br>나는 아무 것도 못하는 구제불능이다. | 회피 | 절망<br>포기 |

형태로 나타나는지, '좋은 엄마'의 허상이 어떻게 자녀들에게 필요한 용기를 부여하는 과정을 지속적으로 어렵게 만드는지 구체적으로 살펴볼 것이다.

하지만 본격적으로 '좋은 엄마'의 허상을 파헤치기 전에, 가정의 행복을 위해 반드시 짚고 넘어가야 할 부분이 있다. 다음 장에

| 단서2:<br>부모의 전형적인<br>대응방식 | 단서3:<br>부모의 지도에<br>대한 아이의 반응 | 느린 자녀교육<br>(부모가 선택할 수 있는 대안) |
|---|---|---|
| 타이르기<br>달래기<br>요구에 응하기 | 잠시 멈추는 듯하지만, 시간이 지나면 반복하거나 다른 방법으로 전환 | (자녀가 아니라) 행동을 모른 척한다.<br>의도적으로 관심을 요구하지 않을 때를 골라 긍정적인 관심을 보인다.<br>특별한 대우를 하지 않는다.<br>말보다 행동: 말로 개입하는 것은 아이의 요구에 부응하는 것이다. |
| 싸움<br>굴복 | 반항,<br>상황 악화<br><br>또는<br><br>권위에 억지로 굴복 | 싸움 상대가 되어주지 않는다.<br>갈등상황에서 벗어난다.<br>자녀의 재능과 역량을 키워, 자신이 가진 힘으로 타인에게 기여할 수 있음을 알려준다.<br>아이를 상대로 싸우거나 굴복하는 것 모두 아이의 싸움 욕구에 부응할 뿐임을 깨닫는다. |
| 앙갚음<br>받은 만큼 돌려주기 | 동일한 방식 또는 새로운 무기로 보복 | 상처를 치유한다.<br>자녀와 터놓고 대화하고 서로 소통할 기회를 많이 갖는다.<br>듣는 법을 배운다. |
| 포기<br>지나친 도움 | 더욱 뒤로 물러남<br>아무런 발전이 없음 | 절대로 자녀를 포기하지 않는다!<br>노력의 징후, 달라지는 모습을 놓치지 않는다.<br>격려한다.<br>격려한다.<br>더욱 격려한다! |

서 우리는 '결혼생활과 남편보다 자녀가 우선'인 좋은 엄마들에 대해 이야기해보려고 한다. 꿈같이 행복한 결혼생활 중이고, 자녀교육에 부부가 순조롭게 협력하고 있는 엄마들이라고 해도 분명 눈이 번쩍 뜨일 만큼 좋은 정보를 만날 수 있을 것이다.

# 누가 아빠를 들러리로 만드는가

단도직입적으로 묻겠다. 결혼생활은 어떤가? 최근 이런 질문을 해본 적이나 있는가? 아마 집안일 하랴, 아이 학원 라이드 계획을 짜랴 그런 문제까지 심각하게 생각해볼 시간이 없을 것이다. 결혼생활이 위태롭게 곤두박질치는 동안, 얼마나 많은 것들을 놓치고 있는지도 깨닫지도 못한 채 그저 내리막길을 미끄러져 가다 보면, 어느 날 아침 내 옆에 누워 있는 사람이 한없이 낯설기만 한 난감한 상황에 부딪친다.

우리 세대의 부모 중에는 가정의 모든 역량을 자녀에게 집중시켜야 한다고 믿는 사람들이 드물지 않다. 나는 그런 믿음에 이의를 제기하려는 것이다. 언제나 자녀를 우선시하는 좋은 엄마들은 부부 간의 관계는 상대적으로 경시한다. 남편과의 관계는 티타늄처럼 단단해서 자녀가 태어나면서부터 생길 수 있는 서로 간의 무시와 홀대 정도로는 끄떡도 하지 않는다고 굳게 믿는 것 같다. 물론 누구나 자신의 결혼생활이 배우자와의 강력하고 안정적인 결속으로 유지되고 있으며, 새로 태어난 자녀로 인해 늘어난 가정의 무게 정도는 감당할 수 있다고 믿고 싶을 것이다. "결혼이란 어차피 '죽음이 갈라놓을 때까지' 함께 하기로 한 계약이잖아, 애들이 아직 어려서 보살핌이 필요한 아주 잠깐 동안만 참고 살면 돼." 등등의 말로 우리는 스스로를 설득한다. "우리는 성숙하고, 인내할 줄 아는 성인들이니까, 부부 간의 정은 나중에 얼마든지 나눌 수 있잖아. 어쨌거나 아플 때나 건강할 때나, 부유할 때나 가난할 때나 늘 함께 있겠다고 서약했으니, 자녀를 뒷바라지하며 겪는 시련도 함께 버텨낼 수 있을 거야."

하지만 이혼율로 드러난 현실은 그게 아니다. 전체 아동 가운데 거의 절반이 이혼한 부모 밑에서 자라고, 재혼한 부부 가운데 25퍼센트만이 결혼생활을 유지한다. 부모의 건강하고 안정적인 결혼생활은 아이들에게 무척 중요하지만, 노력 없이 그냥 얻어지지는 않는다. 엄마들이 자녀들에게만 매달려, 그들의 온갖 자질구레한 요구사항을 들어주느라 배우자와의 관계는 나 몰라라 하는 것은 침몰하는 타이타닉 호 위에서 일광욕하겠다고 돗자리를 펴는 격이다. 하찮은 일(여름 캠프는 어디로 보내는 것이 좋을까, 노란 물방울무늬 양말은 어디에 뒀을까 등등)에 몰두하느라 큰 그림을 놓치고도, 정작 자신이 무엇을 잃어가고 있는지조차 알아채지 못하는 것이다.

상담을 위해 찾아오는 부부들의 말을 들어보면, 결혼생활이 불행해지기 시작한 지 대략 6년 정도 지났다고 한다. 인생에서 6년은 절망을 안고 허비하기엔 너무 긴 시간이고, 그렇게 긴 시간을 버려두기엔 결혼생활은 너무나 소중하다!

이 장의 중심 주제는 결혼생활이다. 이제부터 아이만 잘 키우면 부부관계는 문제없다는 낡은 고정관념을 조목조목 따져보려 한다. 우선 결혼생활을 단계별로 살펴보고, 부부 중심이던 결혼생활이 자녀가 생기면서 어떻게 달라지는지, 배우자와의 관계가 자녀들에게 어떤 영향을 미치는지에 대해 살펴보자. 부부가 가족이 되면서 맞닥뜨리게 되는 엄청난 시련들, 가사 분담, 양육방식의 차이, 그리고 결혼생활에서 빼놓을 수 없는 성적인 스트레스에 대해서도 이야기해보자.

과거에 어떤 일을 겪었든, 부부가 함께 노력한다면 결혼생활은 결코 실패하지 않는다. 그러니 우리도 함께 노력해보자.

## 결혼생활의 단계

전문가들은 결혼생활이 서로 확연히 구별되는 단계들을 거치면서 진화해간다는 데 의견을 같이한다. 결혼생활이 어떻게 변화해가고, 각각의 변화가 어떤 중요한 의미를 갖는지를 이해하는 것이 부부들에게 도움이 될 것이다. 함께 살펴보자.

## 1단계: 로맨스/허니문

제목이 모든 것을 말해준다. 두 사람은 서로를 사랑하고, 이때 사랑의 힘으로 극복하지 못할 일은 아무 것도 없다! 사랑으로 안전하게 품어주던 부모님의 가정을 떠나 넓은 세상으로 나온 우리는 독립적인 성인으로서의 인생을 가슴 졸이며 탐색하던 끝에 드디어 영혼의 반쪽을 만나 마음을 나눈다. 흔히 이 시기를 '리머런스(limerence)' 또는 사랑에 몰입한 단계로 분류하며, 단순히 누군가를 '사랑하는' 것과는 구분 짓는다. 말 그대로 구름 위를 걷는 기분이다! 우리는 상대방에 대한 자신의 감정을 사랑하고, 상대로 인해 그런 감정을 가질 수 있다는 사실에 감동한다. 우리는 황홀경에 빠져 늘 상대를 그리워한다. 그런 사랑의 감정이 성적으로 표출되면서, 두 사람은 잠자리에서도 역동적인 시간을 함께 보낸다.

하지만 이렇게 황홀한 감정은 생각만큼 오래가지 못한다. 대부분의 부부에게 이런 시기는 길어야 약 5년 정도밖에 지속되지 않는다. 많은 사람들은 몰입 상태에서 벗어나는 것을 애정이 사라지는 것으로 착각한다. 그 결과 이 시기에 많은 부부들이 외도와 이혼을 겪는다. 더 이상 상대방에게서 특별한 사랑을 느끼지 못하게 되었으니 관계도 끝이라고 생각하는 것이다. 물론 예전처럼 감정이 널을 뛰진 않지만, 이것은 두 사람의 관계가 더 안정되어 간다는 의미이기도 하다. 서로 예측 가능하고, 의지할 수 있는 사이가 되면서, 감정에 몰두해 있던 때의 흥분상태는 가시고 결혼생활은 다소 지루하게 느껴진다. 하지만 이것은 두 사람의 관계가 더욱 단단해지고 있음을 뜻한다.

### 2단계: 현실

대부분의 부부들은 25세에서 50세에 걸쳐 이 단계를 경험한다. 부부로서 아주 긴 시간을 보내게 되는 이 단계는 사랑과 열정이라는 작은 거품 안에 생활이라는 현실이 서서히 스며드는 시기다. 부부로서 여러 가지 상황을 함께 겪는 동안 상대방이 어떤 사람인지, 상대방에 대해 품고 있던 기존의 생각이 과연 옳았는지 다시 한번 생각해보게 된다. 이제 로맨스는 직장생활, 가사, 연로해가는 부모님의 부양, 자녀양육이라는 여러 가지 과제를 꾸려가는 틈틈이 애써 노력해야만 맛볼 수 있다. 이 단계의 부부관계는 쉽게 손상된다. 신혼 초 남편의 사랑을 한 몸에 받는 소중한 존재였던 아내는 이제 무시당하고 소외되고 있다고 느낀다. 남편들 또한 한때 존중과 존경을 누렸지만 이제는 경시되고 관심 밖으로 밀려났다고 느낀다. 하지만 우리가 억지로라도 시간을 할애

한다면, 즐겁고 친밀한 부부관계를 유지하는 것이 아주 불가능한 일은 아니다. 이 시기는 두 사람의 관계에서 매우 중요하다. 부부 간의 유대를 강화하며 함께 어려움을 극복하고 얻은 결실을 누릴 수도 있고, 반대로 서로에게서 한없이 멀어질 수도 있는 시기다. 그렇다고 걱정할 필요는 없다. 현실이 부부관계에 생각지도 못한 멋진 기회를 제공하기도 한다! 현실 단계의 부부는 더욱 깊이 소통하고, 서로 간의 문제에 더 효과적으로 접근할 수 있다. 필요하다면 전문가의 도움을 적극 활용하는 것도 좋은 방법이다.

### 3단계: 고립과 결핍

2단계를 거치면서 현실적 문제들이 일으킨 갈등으로 인해, 부부는 각각 상처와 실망을 경험하게 마련이다. 이런 갈등상황을 어떻게 해결하느냐에 따라 부부관계의 건강한 미래가 결정된다. 치유되지 않은 상처는 곪아 터지면서 울분과 증오로 번지고, 둘 사이의 냉랭해진 관계를 더욱 멀어지게 한다. 이 단계에서 부부는 서로와의 관계에서 아무런 의미를 찾지 못하고, 서로에 대해 악감정을 품은 채 같은 집에서 살아야 하는 불행한 룸메이트 같은 사이가 된다. 이 단계의 특징은 답답함과 무력감, 결혼생활의 패턴에 이제 어떤 변화도 불가능하리라는 느낌으로 요약할 수 있다. 지금 3단계에 와 있는 부부라면 절대로 절망해서는 안 된다! 인생이 예측 불가능한 이유는 인간의 회복력 때문이다. 카운슬링을 통해 부부는 맨살이 드러나버린 상처를 치유하거나 이미 생겨버린 굳은살을 벗겨내고 처음에 가졌던 사랑의 감정을 회복할 수 있다. 허물은 용서될 수 있고, 상처는 치유될 수 있다. 카운슬링에서 얻은 기술을 활용해 예전의 관계로 돌아갈 수도 있다. 둘 사이의 추한 응어리들이 불거져 나오면서 우리는 본래의 자신을 찾고, 속마음을 드러내고, 더 정직해질 수 있다는 자신감을 갖게 될 것이다. 더욱이, 이 단계를 성공적으로 극복해낸 부부는 어려운 시기를 함께 보내지 않았더라면 얻지 못할 친밀감을 느끼게 된다.

### 4단계: 성숙한 관계

50줄에 접어들 때까지 결혼생활을 유지해온 부부라면 이제 두 사람의 관계는 성숙한 단계에 접어들고, 두 사람은 결혼으로 삶이 얼마나 아름답고 풍요로워졌는지 새삼 깨닫게 된다. 이 단계는 성숙한 사랑이 성적으로 표현되면서, 성적인 만족도가 가장 높은 단계이기도 한데, 이런 만족감은 60대 이후까지 지속된다. 직장생활도, 자녀양육도 모두 끝내고 난 후, 부부는 비로소 서로의 관계를 품위 있게 가꾸어나갈 수 있게 된다. 인생의 수많은 시련을 함께 헤쳐온 부부에게 이 단계는 소중한 황금기이며, 서로에게 조용하지만 깊은 감사의 마음을 갖게 되는 시기이기도 하다.

자녀교육에 도움을 얻기 위해 이 책을 읽고 있는 엄마라면, 아마 행복한 1단계는 이미 지났을 테고, 2단계의 여러 가지 난관에 직면하기 시작했을 것이다. 그것들은 예상할 수 있는 시련들이며, 그 가운데 최고의 난관은 분명 부부에서 가족으로 전환하는 과정에서 겪는 어려움일 것이다! 이 시기의 난관을 어떻게 극복하느냐에 따라 두 사람이 더 가까워지고, 나아가 4단계에서 더욱 친밀하고 성숙한 결혼생활을 경험할 수도 있고, 상처와 분노로 점철된 결혼생활을 할 수도 있다. 스스로 결정하는 것이 중요하다. 결혼은 내게 던져진 운명 같은 것이 아니다. 나 스스로 나서서 선택하고 행복한 결말을 위해 노력해야 한다. 행복한 결혼을 목표로 삼는 것은 나만이 아니라 우리 아이들을 위해서도 중요하다. 그 첫발을 내딛는 데 도움이 될 만한 몇 가지 방법을 소개하겠다. 우선, 자녀의 탄생으로 부부관계가 어떤 시련을 맞게 되는지 살펴보자.

## 부부에서 가족으로: 자녀 중심으로의 변화

자녀양육에 대한 책들을 살펴보면 인생에서 가장 중요한 전환기에 대해서 아무런 언급도 하지 않는다. 우리는 너무 쉽게 엄마라는 역할, 그 무게와 기쁨에 압도되어 삶에서 우리가 맡은 다른 역할들과 단절되어버린다. 현대 사회는 아이들에게 지극히 높은 가치를 부여하고, 그 결과 엄마의 모든 생활은 새로 태어난 귀하

디귀한 아기를 중심으로 짜여진다. 그 과정에서 남편과 결혼생활이 뒷전으로 밀려나는 경우가 너무나 빈번하다. 7년간 함께 살면서 누구보다도 돈독한 관계를 쌓아왔다고 자부했던 메건과 브라이언 부부 역시 아이가 생기면 부부관계가 더욱 굳건해질 것이라는 기대가 조금씩 엇나가기 시작했다.

브라이언은 아빠가 된다는 생각에 그저 신나기만 했다. 종종 아내의 배를 감싸 안고 아기에게 노래를 불러주었다. 힘든 하루를 보낸 아내의 부은 발을 주물러주면서 아내가 그 어느 때보다 아름답다고 생각했다. 부부는 함께 임산부를 위한 강좌를 들었고 브라이언은 분만실에서 아내와 함께 하며 얼음을 챙겨주기도 하고(분만실에서는 음식 섭취가 제한되므로, 갈증과 탈수를 막기 위해 산모에게 얼음을 제공하기도 한다-역주), 손을 잡아주기도 했다. 여덟 시간의 진통 후, 경막외 마취로 결국 3.8킬로그램의 아들, 브라이언 주니어가 태어났다. 아빠 브라이언은 여태껏 한 번도 경험해보지 못한 사랑이 마구 솟구치는 것을 느꼈다. 하지만 겨우 몇 달 후, 브라이언은 처음 느꼈던 감정이 어떤 것이었는지조차 가물가물해졌다. 메건과 아기는 두 사람만의 사랑에 깊이 빠져버렸다. 아내는 모든 시간과 관심을 오로지 아기에게만 쏟아붓기로 한 듯 브라이언이 퇴근하고 집에 와서 아내를 안고 밖에서 있었던 일들을 이야기하려고 하면 피곤해할 뿐 별다른 관심을 보이지 않았다. 아기가 태어나고 얼마 되지도 않았는데, 브라이언은 이미 마음에 상처를 받았다. 아기로 인해 아내의 인생에서 밀려난 것 같은 기분이었다. 아기가 두 사람을 가깝게 만들기는커녕, 브라이언은 오히려 버림받은 느낌이었다. 마치 아기와 아내가 한편이 되어 브라이언을 밀어내는 것 같았다. 아기는 부부를 가깝게 이어주는 끈이 아니라 두 사람 사이를 가로막는 걸림돌이 되었다.

브라이언은 가정의 중요한 구성원이다. 그에게도 따뜻하게 품어줄 가족이라는 울타리와 사랑이 필요하며, 아기로 인해 이러한 그의 요구가 묵살되어서는 안 된다. 소외되지 않고, 존중받고 있다는 느낌이 필요하다. 어른이건 아이건, 가족 안에서 누군가를 따돌려서는 안 된다.

메건과 브라이언의 사례에서 그나마 아기라도 많은 사랑과 보살핌을 받고 있으니 다행이라고 생각해도 될까? 천만의 말씀!

## 아이는 정말 가정의 중심일까?

우리는 대부분 아이의 중요성을 강조하는 사회적 통념을 그대로 믿어버리고 '아이들 먼저'라는 율법에 따라 살아간다. 여기에 대해 나는 조금 다른 관점을 제시하고 싶다.

나는 아이도 가족의 일원으로서 참여하는 것이라고 생각한다. 아이가 가족 안에서 소속감을 얻기 위해서는 스스로 가족 위에 군림하는 존재도, 가족의 지배하에 있는 낮은 존재도 아닌 가족의 '일원'이라는 느낌을 가져야 한다. 다른 가족 구성원들과 동등한 존재로서 가족의 문제에 참여하고 기여함으로써 우리는 가족 내 다른 구성원들과 결속을 다지고 가족의 일원이 되었음을 실감할 수 있다. 누구나 가정 내에서는 서로 주고받는 관계 안에 있다. 아기도 예외는 아니다. 우리는 가족 모두가 만족할 수 있도록 함께 노력한다.

### "그때 알았더라면…"

내가 싸개로 꽁꽁 싸서 요람에 재워놓은 갓난아기만 들여다보고 있는 동안, 나의 사랑스러운 배우자는 단 5분이라도 나의 주의를 끌어보겠다는 간절한 심정으로 거실에서 물구나무를 서고 있지는 않은가? 우리보다 먼저 비슷한 경험을 했던 엄마들의 이야기를 듣고 한 수 배워보자.

아이가 많은 가정에 새로 태어난 아기는 세상이 이미 저마다의 욕구를 지닌 손위 형제자매들로 복잡하다는 것과 엄마의 관심을 다른 형제들과 공유해야 한다는 것을 짧은 경험을 통해 배운다. 엄마가 한 아이에게 아래 위가 붙은 우주복을 입히느라 여념이 없는 동안 또 다른 아이가 점퍼 올리는 것을 도와달라고 요구하고 있다면, 요람에 누워 있는 아기는 배가 고파도 엄마에게 여유가 생길 때까지 참는다. 엄마라고 해서 하던 일을 즉각 중단하고 수유를 시작할 수는 없기 때문이다. 현실적으로 달리 방도가 없으니 아기는 그냥 기다릴 수밖에 없고, 그러면서 가족의 일원으로 살아가는 법을 배우는 것이다. 결코 엄마가 태만해서가 아니다. 상황이 허락하지 않기 때문이다. 그런데 결과는 어떤가. 아기는 기다리는 법을 배운다! 아기도 나름대로 협력하는 법을 배우는 것이다.

신시아의 셋째 아이는 부엌 테이블 앞 아기 의자에 앉아 다른 형제들이 바쁘게 움직이는 모습과 햇빛이 천장에 그리는 희한한 형상들을 바라보며 혼자 놀곤 한다. 신시아는 위의 두 아이들을 키울 때처럼 셋째 아이에게 시간과 관심을 쏟지 못하는 것이 늘 미안하다. 시간이 흐르고 아이들이 자라면서 신시아는 막내가 원만하고 협력적인 성격인 반면, 첫째는 나이가 들수록 까다롭고 덜 협력적인 성격(엄마의 맹목적인 사랑을 받으며 필요한 것은 무엇이든 엄마가 즉각 대령했으므로 협력할 필요가 없었던)이라는 사실을 깨달았다. "첫째를 키울 때 그걸 알았더라면 훨씬 수월했을 텐데."

신생아는 손이 많이 가는 것이 사실이지만, 그렇기 때문에라도 우리는 배우자와 짐을 나누어야 한다. 또한 엄마들은 자신의 노력이 당연한 것이 아니라 가족을 위한 소중한 기여임을 스스로 늘 인식해야 한다. 엄마와 아빠가 서로 함께, 서로를 위할 수 있는 방법이 무엇인지 고민해야 한다. 가족은 사랑하고, 포용하고, 용기를 주는 곳이어야 하고, 아이들뿐 아니라 부모에게도 각각의 중요성과 가치를 인정받는 곳이어야 한다. 가족은 살아가는 힘을 주는 곳이다. 특히 부부라면 그런 힘을 상대방으로부터, 건강한 결혼생활로부터 얻어야 한다.

부부는 함께 아기를 키우는 파트너이기 이전에 친구이며 연인이라는 사실을 잊지 말아야 한다. 둘만을 위한 시간을 갖는 것은 마땅히 아이에게 쏟아야 할 시간을 뺏는 것이 아니라, 아이를 위하는 일이다. 그런 시간을 통해 가족 관계가 더 친밀하고 단단해지기 때문이다. 서로를 감정적으로 지탱해주고, 등을 토닥이고, 함께 배가 아프도록 웃는 것만큼 수익이 확실히 보장되는 투자도 없다. 게다가 평생 적립이 보장되는 투자가 아닌가? 이보다 더 좋을 수는 없다!

## 미래를 위한 작은 투자

결혼의 제2단계, 자녀가 태어나고 직장을 옮겨 다니면서 겪는 스트레스로 결혼생활이 불안정해질 무렵, 부부관계를 돈독하게 만드는 간단한 투자로 결혼생활의 미래를 확실히 보장할 수 있다. 아이에게 갈 시간과 노력을 쓸데없이 허비한다는 죄의식은 가질 필요가 없다. 아이들은 엄마 아빠가 서로 사랑하는 행복한 부부임을 고맙게 여길 테니까.

- 매일 잠깐 동안이라도 애정표현하기(포옹, 입맞춤, 서로의 체온 느끼기, 침대 위에서의 포옹…)
- 매일 저녁 5분 동안 서로의 일과에 대해 대화하기. 친밀감을 유지하는 데 큰 도움이 된다.
- 일주일에 한 번 데이트하기! 아이와 떨어져서 두 사람만의 특별한 시간 갖기! 꼭 거창한 이벤트일 필요는 없다. 중요한 것은 얼마나 자주 만나느냐이다. 함께 치즈를 곁들인 와인을 마시고 영화를 본다거나, 둘이 나가서 아침식사를 하거나, 점심시간에 밖에서 만나는 것도 좋다.
- 일 년에 딱 일주일, 부부만을 위한 로맨틱한 휴가 보내기. 로맨틱한 시간 같은 것은 필요 없고 남편과 둘이서만 일주일을 보낸다는 생각만으로도 난감하다면, 휴가 기간을 두 배로 늘릴 것! 당신의 부부관계는 이미 위기상황!

마지막으로 아기를 다른 사람에게 맡기고 배우자와 데이트한 것이 언제인가? 영화를 보다 말고 키스한 것은? 서로의 발을 마사지 해준 것은? 함께 목욕한 것은? 이렇게 특별하지 않은데도 아름다운 순간들은 서로에 대한 사랑을 표현하는 데 중요한 역할을 하지만, 아기가 태어나면서 제일 먼저 사라져버리는 것들이기도 하다. 사랑한다면 시간을 내야 한다!

## 행복한 결혼생활이 아이의 발달에 미치는 영향

결혼생활은 아이의 발달에 실질적인 영향을 미친다. 이제부터 어떤 방식으로 영향을 미치는지 함께 살펴보자.

> 부모의 관계는 아이들에게 사람들이 어떻게 관계를 맺고 살아가는지를 보여주는 '참고서' 역할을 한다.
> 자녀를 위한 최고의 환경은 부모가 정신적으로 건강하고, 서로 사랑하며 존중하는 것이다. 이 한 가지만 확실히 보장된다면 아이는 이 세상 어떤 것도 스스로 견뎌낼 수 있다.

알프레드 아들러는 아이들이 사회적인 존재로 살아가기 위해 세 가지 주요 과제에 대비할 수 있게 도와주는 것이 자녀교육의 전부라고 믿었다. 내가 '무리 생활에서 살아남는 법'이라고 즐겨 부르는 이 과제를 아들러는 '인생의 과제'라고 칭했는데 그 세 가지는 일, 교우, 사랑이다. 그 가운데 결혼은 사랑의 과업에 속한다. 지금 나의 결혼생활에는 내가 어린 시절에 학습한 결과가 부분적으로 투영되어 있다. 마찬가지로, 지금 내 배우자와 나의 관계는 자녀에게 교육적으로 강력한 힘을 발휘한다. 어린 아이들이 발달상 중요한 시기에 경험한 엄마와 아빠의 관계는 어른이 되어서 어떻게 '함께 살아가고' '서로 협력해야 하는지'를 알려주는 귀중한 자료다.

> 내 자녀를 사랑하고, 배려하고, 협력하는 사람으로 키우는 방법은 나와 내 배우자가 서로 사랑하고, 배려하고, 협력하는 모습을 자녀에게 보여주는 것이다.

> "다섯 살 난 딸 나탈리는 뭐든 자기 마음대로 안 되면 토라지곤 했다. 난 그런 아이를 이해할 수 없어서 정말 답답했다. 그러던 어느 날 남편이 내가 전부터 사고 싶었던 그네 세트가 너무 비싸니 사지 말자고 했는데, 그러고 나서 한참을 내가 말도 안하고 풀이 죽어 있는 것이 아닌가! 그제야 나는 깨달았다. 토라지는 것은 나의 모습이었다. 남편을 내 고집대로 움직이고 싶을 때 내가 했던 행동을 나탈리가 그대로 보고 배운 것이다.
> 그때부터 나는 남편과 의견이 다를 때 토라지지 말고 더 좋은 방

법을 찾아야겠다고 결심했다. 그래야 나탈리도 나와의 관계를 더 원만하게 해결할 수 있을 테니까." – 린다, 나탈리(5세), 아론(3세)의 엄마

"나는 남편이 아들을 대하는 방법이 마음에 안 들면 남편에게 고함을 지르곤 했다. '애한테 그런 식으로 말하지 말라니까!' 그러다가 깨달았다. 내가 남편에게 소리 지르는 모습이 남편이 아들에게 소리 지르는 모습과 똑같다는 것을 말이다. 언성을 높여서 좋을 일이 뭐가 있다고 그랬을까. 우리 집에는 늘 고성이 오갔고 남편은 우리가 함께 만들어놓은 집안 분위기에 적응한 것 뿐이었다." – 샐리, 테스(10세), 벤(6세), 엠마(2세)의 엄마

## 당황하지 말 것, 갈등 없는 결혼생활은 없다

서로 다른 두 사람이 만나서 한참을 함께 지내다 보면 당연히 서로 부딪치는 경우가 생기게 마련이다. 중요한 것은 갈등 그 자체가 아니라 필연적인 갈등을 해결하는 방법이다. 결국, 갈등을 해결해나가는 과정이 '협력'의 핵심이기 때문이다. 그렇다면 태어날 때부터 서로 다른 두 사람이 어떻게 협력하고, 함께 문제를 해결해나갈 수 있을까?

솔직하되 존중에 기반을 둔 대화를 통해 모두가 수긍할 수 있는 결론에 이른다면, 서로의 다름을 인정하는 것 외에 아무런 성

과가 없다 해도 두 사람은 건강한 관계를 이어나갈 수 있다. 아이들은 엄마 아빠가 서로에게 화내는 모습을 보게 되겠지만, 더 중요한 것은 두 사람이 여전히 서로 사랑하고, 자신들의 문제를 둘이서 해결했음을 아이들에게 보여주는 것이다. 이것이 효과적인 자녀교육 방식이다. 그렇다고 100달러짜리 나이트 크림 하나에 언짢아하는 남편 때문에 욱해서 고래고래 고함을 질러대라는 말은 아니다. 어젯밤 남편과 대판 싸우는 것을 보고 아이가 상처받았을까 봐 지금쯤 가슴이 덜컥 내려앉았을 전국의 수많은 좋은 엄마들에게 그저 '괜찮다'고 말해주고 싶은 것뿐이다. 부부싸움에서조차 완벽한 엄마의 모습을 보여주려고 애쓰지 말라는 뜻이기도 하다.

남편과의 관계에서 아이들에게 모범을 보여주고 싶다면 현실을 인정해야 한다. 부부는 다투기 마련이고, 다투다 보면 짜증도 나고 화도 난다. 완벽하게 해결되지 않는 상황도 생긴다. 하지만 서로에 대한 사랑, 존중, 배려라는 원칙에서 벗어나지 않는다면, 아이들은 부모에게서 세상에 완벽한 것은 없다는 현실과 함께, 어려운 문제를 해결하는 방법을 배우게 될 것이다.


트리시와 대런은 목돈 지출문제로 다퉜다. 망가진 수영장을 고치는 비용이 꼭 필요한지를 놓고 의견이 달랐던 것이다. 두 사람의 의견은 좀처럼 일치하지 않았고, 둘 다 한 치의 양보도 없이 팽팽하게 맞섰다. 트리시는 말싸움에서 밀리는 듯하자 점점 분노가 치밀어 오르는 것을 느꼈다. 결국 두 사람은 서로 포옹하고, 서로 말이 지나쳤던 점을 사과했다. 그리고 싸우지 말고 문제를 해결하기로 함께 다짐했다. 두 사람이 궁극적으로 원하는 바는 같았고, 하나의 목표를 달성하기 위한 좋은 방법을 찾는 것이 관건이었다. 두 사람은 각자의 감정을 다스리고 문제 해결을 위해 무엇이 필요한지를 생각하게 되었다. 아이들도 잠깐 동안 엄마 아빠가 감정에 휘둘려 다투는 모습을 보긴 했지만 상관없었다. 두 사람이 흥분을 가라앉히고 모두가 만족할 수 있는 해결책을 향해 함께 노력하는 모습을 보여주었기 때문이다.

## 꼬리에 꼬리를 무는 다툼

많은 사람들이 도움을 구하거나, 변화를 시도하는 데 소극적이다. 자동차의 실린더가 제대로 작동하지 않거나 차에서 이상한 소리가 들리면 자동차에 문제가 없는지 당장 정비소에 맡겨 점검을 받는다. 자동차가 완전히 망가질 때까지 기다리지는 않는다. 점검 후 문제를 해결해서 잘 달리도록 만들어야 한다. 결혼생활도 마찬가지다. 눈을 높이자! 누구나 행복하고 만족스러운 결혼생활을 누릴 자격이 있다.

카운슬링을 받는게 꺼려진다면, 혹시 다음 중 그 이유에 해당되는 항목이 없는지 살펴보자.

- 시간이 없다.
- 할 일도 많은데 그런 문제에 신경 쓸 여력이 없다.
- 그냥 놔두면 될 부부 간의 문제를 괜히 건드려서 더 안 좋아 질까 봐 두렵다.
- 배우자가 상담을 꺼린다.
- 상담을 받아본 친구들이 별로 도움이 안 된다고 하더라.
- 비용이 많이 든다.
- 대단히 행복하지는 않지만, 지금도 그럭저럭 지낼 만하다.
- 혼자 해결할 수 있다. 내가 더 노력하면 된다.
- 배우자 혼자 치료를 받으면 된다. 나는 문제가 없다.
- 이미 손 쓸 수 없는 상황이다.
- 내가 제대로 못하고 있다는 걸 다 아는 마당에 굳이 다른 사람을 통해 확인하고 싶지 않다.

이제 다시 한번 위의 변명들을 읽어보고 자문해보자. 이 가운데 행복한 결혼생활을 포기해야 할 정도로 엄청난 장애물이 있는지. 상담에 소요될 시간과 돈이 아까울 수 있지만, 나중에 이혼 변호사한테 훨씬 더 많은 시간과 돈을 쏟아부어야 할지도 모른다.

처음 자녀가 태어난 후 몇 년 동안 특히 많이 겪게 되는 문제들을 몇 가지 살펴보고, 당장 적용할 수 있는 카운슬링 방법 몇 가지를 알아보자.

| 부부가 행복한 가정의 자녀들이 흔히 하는 말 |

- 제발, 애정 표현은 다른 데 가서 하세요! (애정을 표현하기)
- 엄마랑 살사 댄스 수업 시간에 배운 거 보여주세요. (자녀양육 이외에 부부가 함께 할 수 있는 취미생활 찾기)
- 할머니께서 엄마 아빠 주말여행 다녀오는 동안 맛있는 음식 잔뜩 해주신댔어요. (둘 만의 시간 보내기, 신혼으로 돌아가기)
- 엄마가 자동차 긁은 거 아빠한테 무서워서 얘기 못할 줄 알았는데, 아니잖아! 나도 비싼 야구 글러브 잃어버렸다고 얘기해도 되겠다. (살면서 겪는 문제나 다툼을 어떻게 해결해나가는지 아이들에게 직접 보여주기)

## 엄마의 불만: 내 남편은 게으른 걸까, 용기가 없는 걸까

엄마들이 남편에 대해 갖는 가장 큰 불만은 육아에 소극적이라는 점이다. 하지만 '좋은 엄마'라는 타이틀을 거머쥔 엄마들은 본의 아니게 남편들의 기를 꺾고, 아빠로서 육아에 참여할 권리를 빼앗아버린다. 내가 아는 어떤 엄마는 아기가 태어난 후 혼자만의 시간을 전혀 가질 수 없다고 불평했다. 남편한테 아기를 맡길수가 없기 때문이라는 것이다. 왜냐고 물었더니 자신의 남편이 "아무짝에도 쓸모없어서."라고 대답했다. 도대체 남편이 뭐하는사람이기에 쓸모없다는 건지 궁금해서 남편의 직업을 물었더니, 마케팅 담당 임원이란다. 수긍할 수 없어서, "그만하면 꽤 머리도좋을 텐데, 설마 오후 한나절 동안 한 살짜리 딸이랑 놀아줄 능력이 없겠어?"라고 반박했다.

이어서 나는 그 엄마에게 하고 싶지만 못하는 것과 하기 싫어서 안 하는 것이 어떻게 다른지를 알려주었다. 그 엄마는 남편에게 아이를 맡겼다가 아이가 다칠까 봐 겁나는 것이 아니라, 엄마가 원하는 대로 아이를 돌보지 않거나, 아빠와 아이 둘이서 시간을 보내는 것이 순조롭지 않을까 봐 내키지 않았던 것이다. 아빠가 자칫 아이를 울릴 수도 있고, 어쩌면 아이가 아빠를 울릴지도모른다. 하지만 그렇다고 포기했을 때 치러야 하는 대가는 없을까? 아빠와 아이가 함께 시간을 보낼 기회를 주지 않음으로써, 엄마는 두 사람 모두를 무시하고 있다. 왜냐하면 결국 엄마는 "둘이서 제대로 된 시간을 보낼 수 있을 리 없어."라는 메시지로 두 사람 모두의 기를 꺾어놓고 있기 때문이다.

두 사람을 보호하려는 엄마의 의도는 두 사람이 중요하면서도 꼭 필요한 기술을 익히고 둘 만의 관계를 만들어갈 기회를 부정하는 것이다.

첫 아이를 키울 때는 누구나 서툴다. 건드리면 부서질 것 같은 아기를 목욕시키고, 노란 똥으로 범벅이 된 기저귀를 능숙하게 가는 일이 처음부터 쉬울 리가 없다. 누구나 부모가 되려면 배워야 한다. 책에서 배우는 것이 아니고, 여러 번 반복하면서 배우는 것이다. 연습을 통해서만 우리는 잘할 수 있게 된다. 우는 소리만으로 아기가 무엇을 원하는지 구별하고, 아기가 어떤 놀이를 좋아하며, 지치거나 배고플 때 어떻게 하는지를 배운다.

그런데 현실에서 아빠들이 이런 기술에 능숙해지기는 쉽지 않다. 사회가 아빠들의 참여를 보조적인 양육자(적어도 처음에는)의 역할로 제한해놓기 때문이다. 아기를 낳고 병원에서 나올 때 이미 엄마들은 아빠들보다 더 오래 아기의 울음소리를 들었고, 어떻게 아기를 달래주어야 하는지 나름대로 궁리한 경험자들이다. 엄마와 아빠의 능력 차이는 시간이 지날수록 커진다. 하지만 그런 차이는 사실 별로 중요하지 않다. 문제는 이런 차이에 대한 엄마들의 태도와 반응이다. 아빠들이 지속적으로 육아에 참여함으로써 필요한 능력을 키워나갈 수 있게 격려하는 것도, 의도치 않게 아빠들의 참여 의욕을 꺾어 육아를 회피하다가 결국 완전히 포기하게 만드는 것도 모두 엄마의 몫이다. 우리는 어느 쪽일까?

존은 토요일 오전마다 딸 에밀리와 보내는 시간이 즐거웠다. 일하느라 바빠서 아이가 잠든 후에나 퇴근하는 일이 잦기 때문에, 주말은 딸과 아빠만의 소중한 시간이다. 어느 토요일, 존은 에밀리를 데리고 공원에 가겠다고 나섰다. 하지만 가방을 챙기는 동안, 아내 일레인이 도와준답시고 이것저것 잔소리를 늘어놓기 시작했다. 존은 도움이 아니라 지적을 받는 느낌이었고, 평소에 일레인이 존을 못미더워하고 있다는 것이 여실히 드러났다. 존은 크게 상처를 받았다.

"자외선 차단제 발라줬어? 귀에도 발라야 되는데."

"아침에 얼마나 먹였어? 안 먹으려고 한다고 굶긴 거 아냐?"

"그거 말고 이거 입혀. 오늘 같은 날씨에 입히기 너무 얇잖아."

"집에 오는 길에 재우지 마. 낮잠 안 잔단 말이야."

"오늘은 같이 좀 놀아줘. 지난번 공원에서처럼 책만 읽지 말고. 응?"


누구나 어떤 분야의 초보자였던 경험이 있을 것이다. 한창 작업 중에 상사가 다가와 아무 말 없이 내 키보드를 두드려 잘못을 수정해준다면, 과연 일을 제대로 배울 수 있을까? 우리가 일일이 간섭하고 지나치게 지적하거나, 조언인지 잔소리인지 모를 말들을 끝도 없이 늘어놓는다면 우리는 상대방에게 아무런 도움도 줄 수 없다. 한 걸음 물러서서, 숨을 한번 들이쉬고, 그냥 믿어보자!

무슨 문제가 생기건, 아빠들이 알아서 해결할 수 있을 것이다.

친구들끼리 부모 모임을 갖는 것도 육아에 참여하려는 아빠들에게 용기를 북돋아주는 꽤 괜찮은 방법이다. 한 가지 사례를 소개해보겠다.

- 몇몇 가족이 매주 일요일 오후 다섯 시부터 여덟 시까지 시간을 정해 모인다.
- 참여 가족들이 공동으로 시간제 보모를 두어 명 고용한다.
- 아이들은 함께 놀면서 피자를 먹거나 영화를 본다.
- 부모들은 피자를 가지고 지하실에 모인다. 각자 가져온 맥주도 아이스박스에 담아 가져간다.
- 독서모임처럼 육아 관련 책을 하나 정해 모두 읽고 단원별로 토론한다.
- 단원별로 당번을 정해 읽고 요약해 들려주면, 책을 미처 못 읽은 사람들도 토론에 참여할 수 있다.

의견을 나누고, 서로의 견해를 비교하고, 경험담을 공유하고, 서로 도움을 주고받을 수 있는 공동체를 형성한다면 굳이 전문가의 도움은 필요 없다. 좋은 책 한 권이 전문가가 되어줄 것이다.

# 자녀교육에 대해 배우자와 의견이 다를 때

제프는 늘 다정하고 자상한 약혼자였고, 남편이었다. 하지만 아이들을 강압적으로 다루는 남편의 모습에 아내 샬럿은 충격을 받았다. 샬럿의 눈에 아빠로서의 제프는 평소와 전혀 다른 사람처럼 보였고, 그녀는 남편의 전횡적인 육아 방식에 동의할 수 없었다. 아이들을 그런 식으로 다루다니, 도저히 용납이 되지 않았다! 제프는 아이들을 혼냈다 하면 울리고야 마는 일이 잦았고, 그럴 때면 샬럿은 제프에게 언성을 높이거나 자신도 울음을 터뜨리곤 했다. 왜 남편은 자신의 훈육방식만 고집하고 아내의 말을 들어주지 않는 걸까? 샬럿은 제프가 사람들을 그렇게 함부로 다루는 남자였다는 사실에 기겁했다. 아이들을 울리는 남편이 미웠다. 그런 아빠 밑에서 자라는 아이들이 측은했고, 어떻게든 보상을 해주고 싶었다. 제프는 샬럿에게만은 아이가 태어나기 전과 다름없는 다정한 남편이었지만, 샬럿은 아이들에게 냉혈한 같은 남편을 계속 사랑할 수 있을지 확신이 서지 않았다.

자녀가 생기면서 결혼생활에 새롭게 등장하는 스트레스 중 하나가 바로 양육 방식의 충돌이다. 흔히 부모가 공감대를 가지고 일관된 태도로 아이들을 대하는 것이 중요하다고들 한다. 물론 그럴 수 있다면 더할 나위 없이 좋겠지만, 아무리 서로의 인생철

학에 깊이 공감하는 부부라도 아이들의 훈육에 있어서만큼은 의견이 다를 수 있다. 그리고 이 차이가 샬럿과 제프의 사례에서처럼 부부 갈등의 커다란 요소가 될 수 있다. 하지만 그렇다고 해서 너무 심각하게 받아들일 필요는 없다.

### 어차피 부모는 두 사람이다

자녀양육에 대해 서로 다른 의견과 방식을 지닌 엄마와 아빠 사이에서 아이들이 처한 상황을 객관적으로 살펴보자. 하나의 가정 안에서 엄마, 아빠는 자녀 하나하나와 개별적인 관계를 맺는다. 개별적인 관계가 서로 얽혀 삼각관계가 되고, 부부가 서로 상대방의 영역에 침범하는 오류를 범하지 않을 때, 부모-자녀 간의 건강한 관계가 형성된다. 여기서 지켜야 할 큰 원칙은 남의 일에 상관 말고, 각자 자녀와 잘 지내면 된다는 것이다. 배우자와 자녀의 관계에 끼어들어 간섭하고, 지적하고, 보상하려 하면 할수록 혼란만 야기된다. 아이들은 엄마와 아빠가 다르다는 것을 재빨리 간파한다. 아이들을 측은히 여길 필요가 없다. 아이들은 나름대로 아빠를 다루는 방법도 터득할 것이다. 엄마가 아빠의 훈육방식을 못마땅해한다는 사실을 알면, 아이들은 의도적으로 엄마가 미안해할 만한 상황을 만들어 엄마로부터 보상을 받아내려 할 것이다.

샌드라와 대화를 나눠보니 내가 예상했던 대로였다. 샌드라의 딸은 엄마가 재워줄 때는 울지 않는다. 딸은 엄마한테는 눈물이 통하지 않는다는 것을 알고 있다. 아무리 울어도 엄마는 원하는 대로 해주지 않기 때문이다. 하지만 엄마와 아빠의 차이는 아이에게 별로 문제가 되지 않는다. 오히려 동일한 인물이 일관성 없는 태도를 보일 때, 가령 아빠가 어떤 날은 우는 아이를 달래주고 잠들 때까지 곁에 있어주다가, 또 다른 날은 운다고 화를 내는 경우 훨씬 심각한 문제를 야기한다. 아이는 두려움을 느끼고, 예측 불가능한 어른들의 태도에 불안해한다.

서로 다른 양육 방식을 고집해서 부딪히는 부부라면 일단 두 가지 간단한 약속부터 해보도록 하자.

1. 훈육을 시작한 사람이 끝까지 책임진다. 서로 상대방이

아이를 훈육할 때 개입하지 않는다. 아빠가 화가 나서 아이들이 보던 TV를 꺼버렸다면, 이후에 발생하는 상황도 아빠가 해결하도록 내버려둔다. 아이들이 엄마에게 달려와, "아빠는 너무해. TV를 마음대로 꺼버려. 엄마는 안 그러는데."라고 하소연할 때, 엄마는 그저 이렇게 반응한다. "미안하지만, 아빠와의 문제는 아빠랑 해결하렴." 뒷얘기가 신경 쓰인다면, 상황이 종결된 이후 남편과 대화해볼 수는 있다. 하지만, 대화의 결과 서로의 의견 차이만 확인했다고 해도 나쁘지 않다.

2. 상대방의 부족한 점을 보상하지 않는다. 배우자의 양육 태도가 탐탁지 않다고 내가 나서서 보상하려 한다면(가령 아이들에게 뭔가를 사주거나 평소에 허용되는 것보다 늦은 밤까지 놀도록 해준다면) 아이들에게 아빠는 '원래 말이 안 통하는 사람'이라고 인정하고, 확인시켜주는 셈이 되어버린다.

## 친밀한 잠자리는 바람직한 부부관계의 척도

부부 간의 신뢰, 친밀하고 협력적인 관계가 도달할 수 있는 최고의 경지는 잠자리에서 이루어진다. 서로 대화도 없이 냉전 중인 부부라면 적과 동침은 내키지 않겠지만, 진짜 부부관계는 결국 이불 밑에서 펼쳐진다.

자, 우리 부부의 성은 어떤지 확인해보자.

**퀴즈**

- 수면부족이 너무 심해서 질문을 이해조차 할 수 없다.
- 아이들이 늘 부부의 침대에서 자기 때문에 남편이 거실에서 섹스를 해보자고 제안한다.
- 마지막 부부관계 날짜를 정확히 알고 있다. 그날이 바로 셋째 아이를 임신한 날인데, 그 아이가 이제 어린이 집에 갈 나이가 되었다.
- '섹스? 그거 혹시 남편이랑 같은 침대에서 누워서 해야 되는 거 아닌가?'라는 생각에 고개를 갸우뚱한다.
- 임신 전 몸매로 돌아가기만 하면 사라졌던 리비도(성욕)가 다시 살아날 것이라고 스스로에게 다짐한다.
- 남편이랑 말도 섞기 싫은데, 잠자리라니 가당치도 않다!

위 항목들 가운데 하나라도 해당된다면 부부관계의 내밀한 부분을 심도 있게 점검해보아야 할 때다. 자동차에 비유한다면 보닛을 열고 긴급 출동서비스에 당장 전화해봐야 하는 상태라고나 할까?

물론 충분히 이해한다. 첫 출산 후 부부의 애정 전선이 큰 타격을 입는 것은 당연하다. 몸은 지치고, 가슴은 아이들 차지에, 아직 출산의 후유증으로부터 완전히 회복되지 않았을 것이다. 하지만 동시에 이 모든 이유들은 섹스를 피하기 위한 좋은 핑곗거리가 되기도 한다.

릭과 달린은 2년째 침대를 따로 쓰고 있다. 아이 셋 모두 잠을 잘 자지 않아서, 결국 가족 모두의 편안한 수면을 위해 토비(3세)는 엄마가, 세라(5세)는 아빠가 데리고 자는 것이 이 부부에게는 당연한 일이 되어버렸다.

5세 이하의 아이 셋을 키우는 것이 얼마나 힘든 일인지 충분히 공감한다. 아이를 재우다가 어른들이 먼저 곯아떨어지는 상황이 빈번하리라는 것도 쉽게 짐작할 수 있다. 하지만 아이가 생기면서 부부이기를 포기한 이들의 이야기를 들을 때마다 나는 더욱 꼼꼼히 상황을 관찰한다. 아이가 생기면 부부 간의 애정과 섹스는 희생하는 것이 당연하다는 말에 속아 결혼생활 제2 단계의 시련을 예고하는 위험신호를 모르고 지나치는 일이 생길 수 있기 때문이다. 이런 오해 때문에 부부들은 서로 관계가 멀어지는데도 '당연한 일' 혹은 '예측했던 일'로 치부해버린다. 물론 아이를 자주 안아주어야 하지만 아이만 안아주느라 배우자를 멀리해서는 절대 안 된다! 엄마 아빠는 다시 한 침대에서 사랑을 나누는 관계로 돌아가야 한다.

부부가 모두 만족하는 한, 섹스에 적정량이 있는 것은 아니다. 하지만 성생활을 포기하는 것은 두 사람을 사랑하는 남녀로 이어 주는 성관계를 통해 에너지를 재충전할 수 있는 기회를 잃어버리는 것이다.

많은 '좋은 엄마'들은 성적 욕구를 전혀 느끼지 않는다. 스스로를 섹스와 무관한 존재로 여긴지 너무 오래 되어서인지, 엄마에서 여자로 돌아가기가 좀처럼 쉽지 않다. 사실 이런 엄마들을 위해 효과 빠른 특효약이 있다. '안 되면 흉내라도' 내는 것이다. 여성들의 경우 실제 전희와 성행위를 해보면 시들해진 열정과 욕구가 다시 살아나기도 한다. 시도조차 해보려하지 않는다면 아무것도 이루어지지 않으니, 적극적으로 도전해보자. 전혀 그럴 기분이 아니더라도, 일단 가볍게 애정행위를 시작해보고 달라지는 것이 있는지 한번 시험해보자. 저절로 열정이 타오르기만을 기다리다가는 두 사람이 함께 즐길 수 있는 날이 평생 안 올지도 모른다.

## 아이가 있는 부부의 섹스를 위한 꿀팁

- 호텔방 잡기(이게 웬 진부한 표현인가 싶겠지만, 어떤 표현이 진부해지려면 너무 자주 반복해서 지겹거나 원래의 긴장감과 의미가

퇴색되어야 한다. 둘만 함께 있을 수 있도록 호텔 방을 잡자는 말이 지겨워질 정도로 열심히 노력해보시길!)

- 아이들이 없는 시간을 틈타 몰래 집에서 재빨리 해치우기
- 부부만의 디데이를 정해놓고, 온종일 상상하며 기대하기
- 아이들이 불쑥 들어올까 봐 불안하다면 침실 문에 자물쇠 달기(열쇠는 가장 섹시한 속옷 안에 감추기)
- 새 속옷을 사되, 실용적인 것보다 디자인이 섹시한 것으로 고르기
- 지쳐 곯아떨어질 지경이 되기 전에 잠자리에 들기
- 제대로 될 때까지 되는 척이라도 하기. 처음에는 그다지 마음이 동하지 않더라도 너무 자책하지 말기

섹스라는 말에 여전히 별로 관심이 가지 않는다면, 의사나 부부문제 전문 카운슬러와 상담을 통해 다른 문제는 없는지 알아보자. 어쩌면 몰랐던 문제가 있는 것인지도 모른다. 성적인 친밀감은 결혼생활에 도움이 되므로, 부부관계의 중요한 한 부분으로서 소홀히 여기지 말아야 한다. 애정 생활에 대한 기대를 낮추거나, 애정 생활 자체를 포기해서는 안 된다. 특히 '아이들 때문에'라는 핑계는 대지 말자. 엄마가 행복하고 만족스러울 때, 아이들도 행복하고 만족스럽다. 활기차게 사는 부모가 아이들을 더 잘 키울 수 있다.

가정과 부부 문제 코칭 전문가로서 나는 사람들의 잘못된 인식을 바로잡고, 일단 받아들이기만 하면 쉽게 실천할 수 있는 중요한 개념들을 이해하도록 돕기 위해 최선을 다한다. 나는 '좋은 엄마'들에게 아이들을 맡길 사람을 구하고 배우자, 결혼생활, 그리고 자신의 삶에 대한 권리를 적극적으로 주장해도 좋다고 말해주고 싶다. 결혼생활은 아이들이 다 클 때까지 18년간 미뤄둘 수 있는 것이 아니며, 활기 넘치는 결혼생활은 분명 행복하고 즐거운 자녀양육의 원동력이 되어줄 것이다.

# 불안함이 만드는
# 과보호의 굴레

아이에게서 아주 잠깐 시선을 돌렸을 뿐인데, 쿵! 고개를 돌려보니 아이가 어느새 시야에서 사라져버렸다. 이제 막 걸음마를 시작한 애가 도대체 어디로 간 거지? 내 가방에 있던 소염 진통제를 사탕인 줄 알고 씹어 먹고 있는 건 아닐까? 누나가 보드게임 하다가 떨어뜨린 구슬을 삼키다가 목에 걸렸나? 요즘은 눈을 씻고 봐도 드문, 납 성분이 듬뿍 든 페인트 칠 자국을 찾아내고 좋다고 쪽쪽 빨고 있지 않을까? 잠시도 긴장을 늦출 수 없는 피곤한 날들이 벌써 몇 년째 이어지고 있다.

엄마들은 아이의 작은 몸에 해로운 것이라도 닿을세라 잠시도 눈을 떼지 못하면서, 한편으로는 아이가 감정적, 심리적으로 상처받지는 않을까 노심초사한다. 과연 분리불안을 잘 극복할 수 있을까? '안정적 애착관계'는 형성된 걸까? 어린이집에서 그 덩치 큰 녀석이 우리 애를 괴롭히는 건 아닐까? 어떻게 하지? 나 때문에 우리 애가 병원에 갈 일이 생기면? 내 잘못으로 아이의 마음에 상처가 생기면? "제발, 안 돼! 나처럼 어린 시절의 상처 때문에 그늘진 인생을 살게 할 수는 없어!"

걱정거리는 끊임없이 생겨난다. 이제 좀 컸으니 한시름 놓았다 싶으면, 신문에는 왜 또 그렇게 심난한 기사들뿐인지. 불량 청소년 문제, 성 전파성 질환, 약물남용 등등. 10대 청소년들이 SNS를 이용해 자신들만의 사이버 공간에서 활동하는 시간이 길어지면서 아이들의 안전이 위협받고 있다는 소식도 우리를 불안하게 만든다. 스포크 박사*의 책에도 그런 얘기가 있었던가?

우리는 자녀들을 너무나 사랑한 나머지 아이들을 보호하기 위해 어떤 일도 마다하지 않는다. 하지만 한고비 넘겼나 싶으면 늘 또다시 새로운 문제가 생기면서 걱정해야 할 일은 나날이 쌓여만 간다. 그래서 우리는 늘 새로운 정보에 귀를 쫑긋 세운다. 만일 아이에게 무슨 일이 생기고 나서 "내가 미리 알았더라면 피할 수 있었을 텐데."라고 뒤늦게 깨닫기라도 하면 결코 자신을 용서할 수 없을 테니까 말이다. 우리는 아이들이 살아가기에 이 세상이 너무 험한 곳이 아닐까 늘 초조해하고, 아이들은 상처받고 깨지기 쉬운 약한 존재이므로 '엄마는 늘 아이들을 철통같이 보호

---

* 벤자민 스포크(Benjamin Spock, 1903-1988): 미국의 소아과 의사. 베이비붐 세대의 육아 필독서 스포크 박사의 육아 전서Baby and Child Care(1988, 정음문화사)의 저자.

해야 한다'는 메시지가 도처에서 들려온다.

자녀를 해로운 환경으로부터 보호하는 것이 부모의 의무라는 데에는 반론의 여지가 없다. 그렇다면, 긁히고 부딪히는 상처는? 육체적 정신적 스트레스와 긴장은? 어디까지가 적정선일까? 뒤늦게 후회하느니 미리 조심해서 나쁠 것은 없다는 이유로 우리는 아이를 완충용 포장재로 빈틈없이 둘러싸서 외부의 자극으로부터 완전히 차단하려고 한다. 이처럼 아이를 지나치게 보호하는 과보호(pampering)는 아이의 발달에 방치나 학대보다도 더 나쁜 영향을 끼친다. 오늘날 우리 사회가 자녀교육의 진리처럼 떠받드는 '좋은 엄마'도 결국 과보호형 양육 태도와 근본적으로 맞닿아 있지만, 아무도 좋은 엄마가 아이들에게 해로울 수 있다고는 생각조차 못한다. 우리는 그저 아이를 무조건 보살피고 보호하는 엄마가 좋은 엄마라는 잘못된 믿음으로부터 파생된 좋은 엄마의 행동 수칙을 맹목적으로 따르고 있을 뿐이다.

> 우리는 말 그대로 '아이가 죽음에 이를 때까지' 보호한다. 한없는 너그러움, 무지, 그저 '좋은 엄마'가 되고 싶다는 맹목적인 욕구가 우리의 치명적인 무기다.

지금 우리 사회를 지배하고 있는 분위기대로라면 우리는 연약한 아이를 단단히 부둥켜안고 세상 도처에 도사린 위험으로부터 안전하게 보호해야 한다. 지나치게 걱정이 많은 엄마들은 신중하고, 현명하고, 아이에게 정성을 다하는 엄마로 칭송받는 반면, 걱정의 고삐를 조금만 늦추려고 하면 엄마 역할을 제대로 못하는 나태한 엄마로 지탄받는다.

하지만 진실은 그 반대다. 과보호는 오히려 쉽고 간편하며, 단기적 관점에서 문제를 신속히 해결해준다. 아이를 타인과 협력하며 살아갈 수 있는 독립적인 어른으로 성장시키기 위해 가르치고, 훈련시키고, 이끌어주는 편이 훨씬 더 많은 노력을 요하며, 바로 이것이 느린 자녀교육 방식이다. 물론 장기적인 이점을 생각한다면 노력할 만한 가치는 충분하다.

이제부터 과보호에 대해 정확히 알아보고, 우리가 왜 이렇게 잘못된 육아 문화에 휘둘리게 되었는지, 과보호의 부정적인 영향은 무엇인지도 살펴보자. 아울러 부모의 개입은 줄이면서, 교육적 효과는 높이는 새로운 자녀교육 기술을 두 가지 소개하려 한다. 가족 모두가 긍정적인 변화를 실감할 수 있을 것이다.

## 과보호의 실체

과보호에 대해 더 깊이 들어가기 전에, 과보호가 정확히 무엇인지 확실히 짚어보고, 스스로 과보호하는 엄마인지 아닌지 가려내는 방법도 알아보자. 넓은 의미에서 과보호는 어른들이(특히, '좋은 엄마'들이) 아이들 스스로 배우고 성장할 기본적이고 당연한 권리를 부정하는 모든 행위이다.

과보호를 받으며 자란 아이에게는 살면서 부딪치는 문제들을 스스로 해결하지 않아도 되는 구실과 핑계가 생긴다. 다른 사람들과 협력이 불가피한 상황도, 마땅히 책임을 져야 하는 일도 기꺼이 대신해주는 어른 조력자 덕에 가볍게 피해갈 수 있다.

그런 아이들은 가족, 학교라는 확대된 사회 안에서 적응하기 위해 노력하지 않는다. 대신 그들은 온 세상이 자신의 변덕과 희망에 맞추어 변화하고 적응하기를 요구한다. 그리고 '좋은 엄마'들은 정말로 자기 아이의 요구에 맞추어 세상을 움직인다! 아이 앞에 티끌 하나 없도록 살균된 길을 깨끗하고 매끈하게 닦아놓는다. 아이들은 현실로부터, 현실이 부여하는 시련으로부터 완벽히 보호받는다. 한마디로 말해, 과보호를 받으며 자란 아이들은 인생을 제대로 살아갈 준비가 되어 있지 않다.

너무 막연한 이야기라 잘 와닿지 않는다면, 가정 내에서 아주 흔히 벌어지는 구체적 사례들로 판단해보자.

1. 엄마가 옆에 있어야 잠이 드는 아이 때문에 아이 침대에서 같이 잔다.

2. 입맛이 까다로운 아이를 위해 아이가 먹을 음식은 따로 준비한다(아니면 먹기 좋게 잘라서 왕자님 또는 공주님이 좋아하는 노란 접시에 따로 담아 대접한다).

3. 아이가 언짢아할 만한 사건은 은폐하거나 회피한다. 가령 키우던 물고기가 죽으면 아이가 눈치채기 전에 얼른 비슷한 다른 물고기로 바꿔놓는다.

4. "조심해." 혹은 "엄마가 해줄게."라는 말을 입에 달고 산다.

5. 밖에 나갈 때면 아이가 감기에 걸릴까 봐 지퍼 올려라, 모자 써라 잔소리를 한다. 아이가 추운지 아닌지는 내가 제일 잘 아니까.

6. 아이를 쫓아다니며 아이 물건을 치워준다. 치우라고 해도 말을 안 듣고, 계속 말하기도 지치기 때문이다.

7. 늘 돈이 모자라 보이는 아이에게 계속 돈을 준다.

8. 아이가 할 말을 대신 해준다.

9. 아이가 좋아하는 선생님 반에 배정되고, 좋아하는 친구와 한 반이 되도록 학교에 요구한다.

10. 내가 가지고 있는 물건과 똑같은 물건을 아이를 위해 하나 더 산다. 그래야 아이가 원할 경우 기다리거나, 나누어 쓸 필요도 없고, 소외감을 느낄 필요도 없기 때문이다.

이 중 자신에게 해당되는 항목이 하나라도 있는가? 내 아이와 내 가정에서 벌어지는 상황을 보고 과보호 성향을 가려내기는 어려울지도 모르지만, 다른 사람의 경우라면 객관적인 판단이 훨씬 쉬워진다. 모르긴 해도 대부분의 엄마들이 과보호 성향으로부터 완전히 자유로울 수는 없을 것이다.

## 왜 과보호하게 되었을까?

우리 사회가 이렇게까지 아이들을 애지중지하게 된 데에는 몇 가지 이유가 있고, 그런 이유들이 모든 부모들의 양육 태도에 직간접적으로 영향을 미친다. 잠깐 시간을 내서 그 몇 가지 이유들을 살펴보자.

**가족 규모의 변화: 그 많던 애들은 다 어디로 갔을까?**

오래전 사람들은 농사지을 일손을 보충하기 위해 어린 나이에 결혼하고 출산을 시작했다. 당시에는 아이를 열 명도 넘게 낳았다. 그렇게 많이 낳아도 한 집에 너덧은 티푸스, 성홍열, 폐결핵 아니면 때마다 출몰하는 전염병으로 일찍 목숨을 잃었기 때문이다. 하지만 이제는 아니다. 우리는 이제 임신이 불가능해지기 직전까지 버틴다. 그 전까지는 자녀를 가져보려는 시도조차 하지 않는 경우도 많다. 그러다 보니 난자의 유효기간이 끝나기 전에, 염색체에서 쉰내가 나기 전에 낳을 수 있는 아이는 고작 한 두 명이다. 게다가 애 하나 키우는 데 돈이 엄청나게 든다! 사립학교에 대학까지 보내려면 학비가 어마어마하다. 과거 아이들은 가정에 경제적 가치를 더해주는 상품, 즉 공짜 노동력이었다. 하지만 인생의 후반기에 적은 수의 자녀를 갖는 것이 사회적 추세가 된 지금 아이들 하나하나는 특별한 의미를 갖게 되었고, 그 결과 아이들을 과잉보호하는 경향이 전반적인 사회 분위기로 자리 잡았다.

**아이들은 아무것도 못한다는 오해**

간디는 열세 살에 다니던 학교를 그만두고 결혼했다. 클레오파트라는 열일곱 살에 이집트를 통치했다. 그런데 왜 우리는 열세 살짜리 아들이 빨래를 못한다고, 여섯 살짜리 딸이 혼자서는 옷을 못 입는다고 확신하는 걸까? 인간의 능력이 퇴화해서? 아니면 단지 우리의 기대치가 낮아져서? 기대 수명이 늘어나면서 어린 시절도 길어졌다. 서른 살에 생을 마감하던 시대와 달리 더 이상 열네 살에 아이를 낳을 필요도 없어졌다. 분명 잘된 일이긴 하다. 하지만 그 결과 우리는 아이들을 언제까지나 아기로 취급하게 되었다. 아동 노동을 법으로 금지하고 아이들을 착취로부터 보호하게 된 것은 다행이지만, 이제 우리는 아이들에게 골목 모퉁이에 쓰레기 버리러 나가는 일조차 시킬 수 없게 되었다.

아이들은 변한 게 없다. 변한 것은 아이들을 대하는 어른들의 태도다. 우리는 이제 아이들에게 가정 경제에 기여하라고 요구하지 않는다. 노동의 기술을 가르치지 않은지도 오래다. 그러다보니, 이제 아이들은 정말로 아무것도 못하게 되었다. 어른들 스스로 아이들의 날개를 꺾어놓고, 날지 못한다고 한심해하고 있다.

## 과보호의 유혹

엄마들 입장에서 과보호는 기분 좋은 일이다. 누군가를 보살피는 일은 충만감을 준다. 그런데 아이들은 계속 자라고, 조금씩 자립하게 된다. 그러면 엄마들은?

할 일이 없어진다.

우리는 계속 아이들 뒤치다꺼리를 하고 싶어 한다. 그래야 기분이 좋아지고, 그래야 계속 엄마일 수 있으니까! 엄마는 중요한 사람이고, 꼭 필요한 사람이다. 사실 우리는 우리에게 의존하는 존재들을 돌보며 즐긴다. 그들을 돌보면서 자신이 중요한 존재임을 증명하고, 자신의 가치를 느낄 뿐 아니라 살짝 우월감까지 느낄 수 있다. 내가 없으면 안 돼! 나는 중요하니까!

"스웨터 입어, 밖에 쌀쌀해."라는 말은 사실 우리가 얼마나 많은 것을 알고 있고 우리의 판단이 얼마나 권위 있는지를 증명하기 위한 것이다. 다른 시각에서 보면, 아이가 스웨터를 입건 말건 그건 엄마가 상관할 일이 아니다. 여섯 살 난 아이가 코트를 언제 어디에서 입어야 하는지도 판단 못할까 봐? 천만의 말씀. 우리는 걱정스러운 표정의 가면을 쓰고 있지만 사실 그 밑에는 크고, 강하고 언제 어디서나 아이들을 보호하는 우월한 자리에 서고 싶어 하는 또 다른 모습이 있다.

### 과보호의 편리함

과보호 뒤에 감춰진 이기적 욕구와 함께 간과해서는 안 되는 동기가 있다. 바로 간편하다는 점이다. 아이가 자다 말고 비명을 지른다면, 가장 빠르고 쉽고 간단한 방법은 아이를 내 침대로 데리고 와서 재우는 것이다. 뭐하러 아이 혼자 마음을 다스리고 다시 잠들도록 힘들게 잠까지 설쳐가며 교육시키겠는가? 아이가 자꾸만 학교에서 집으로 전화를 걸어 숙제를 집에 두고 왔다고 하는 바람에 학교까지 숙제를 가져다줘야 한다면, 그냥 아이가 책가방에 숙제를 챙겨 넣었는지 미리 확인해보면 간단하다. 물론 짧은 안목으로 보면 그렇다는 얘기다. 왜 그런지는 이제부터 함께 살펴보자.

## 아이들은 연약하고 상처받기 쉽다는 오해

엄마들은 생후 첫 몇 년간은 아이와 주된 양육자 간의 안정적인 애착관계 형성에 특히 신경을 쓴다. 물론 나도 애착관계의 중요성을 인정한다. 엄마가 아이와 유대를 맺겠다는데 누가 뭐라나! 하지만 행여 효과적인 훈육과 지도가 아이와의 애착관계 형성을 방해한다고는 꿈에도 생각지 말기 바란다. 너무나 많은 엄마들이 훈육이라면 질겁한다. 제대로 아이를 가르치겠다고 굳게 결심했다가도 아이 눈에서 눈물 한 방울이 또르르 흘러내리는 순간, 애착관계에 금이 갈 새라 포기해버리고 만다.

하지만 사실을 바로 보자면, 유대감이며 애착이 정말로 필요한 이유는 아이들이 사랑받고 있고, 안전하게 보호받고 있으니 안심하고 살아가도 된다는 믿음을 주기 위해서다. 제대로 된 훈육만이 아이들에게 그런 믿음을 줄 수 있다. 적절한 테두리와 한계를 정해주고, 친근한 태도로 그 한계를 일관성 있게 적용함으로써 아이는 인생이 혼란스러운 것이 아니고, 엄연한 질서가 존재한다는 것을 깨닫게 된다. 아이는 삶이 예측 가능하다는 것을 깨닫기 시작하면서, 안심하고 살아갈 수 있는 여유를 갖는다.

자신의 욕구가 충족되리라는 믿음은 아이에게도 필요하다. 하지만 소위 좋은 엄마들은 아이들의 욕구와 아이들이 원하는 것의 차이, 다시 말해 할 수 없는 일과, 하기 싫은 일을 구별하지 못한다. 아이의 욕구를 충족시켜 주고, 아이의 능력이 미치지 못하는 상황에서 도움을 주는 것이 부모의 책임이다. 하지만 아이들의 요구를 일일이 따르는 것은 과보호다.

세라는 9개월 된 아이를 어머니에게 맡기면서 아기가 아직 밤에 여러 번 깨서 운다고 말씀드렸다. 세라는 아기를 다시 재우려면 아기를 안고 짐볼 위에 앉아서 뛰어야 한다고 어머니께 말씀드렸다. 아기의 외할머니는 아기가 울자 아기를 안고 흔들의자에도 앉아보고 걷기도 해보았지만, 아기는 더 큰 소리로 울어댔다. 당황한 할머니는 허리 관절염이 있는데도 짐볼에 앉아서 뛰기 시작했다. 그 순간 아기는 할머니를 향해 환하게 웃었다. 마치 "진작 그럴 것이지." 하고 말하는 것 같았다. 짐볼 운동은 아기가 선호하는 방식이지만, 협력적이지 못하다. 엄마의(또는 할머니의) 잠 잘 권리를 침해하기 때문이다. 엄마가 아이의 수면 훈련에 적극적이지 않은 것은 과보호며, 아이가 밤에 잠을 자는 가족의 문화에 스스로 적응할 기회를 가로막는 일이다.

8개월이 될 때까지 밤에 깨는 아이는 네 살이 되어도 수면 습관이 제대로 잡히지 않는다. 이것은 부모가 수면 습관을 잡아주지 못했기 때문이며, 부모가 아이의 지도와 훈육을 감당하지 못한다는 첫 번째 신호이다. 과보호의 경향이 있는 부모라는 위험 신호이기도 하다. 밤에 다른 사람들을 깨우지 않고 잠을 자는 것은 가족에 적응해가는 첫 걸음이며, 수면 훈련이 애착관계를 가로막을 지도 모른다는 우려는 아무런 근거가 없다.

어린이들과 아기들은 매우 튼튼하고, 충분히 능력 있다는 점을 명심한다면 바람직한 자녀교육에 도움이 될 것이다. 사실 아이들은 적절히 방향만 제시해주고, 스스로 해볼 수 있는 기회를 준다면 인생을 더욱 훌륭하게 살아갈 수 있다. 그러므로 아이들을 더 많이 믿어주는 사회적 분위기로 바꾸어나가야 한다.


## 양육 태도의 변화

과보호라는 현상을 정확히 꿰뚫어 보고, 그로 인해 거의 전염병 수준으로 번지는 사회적 해악들을 제대로 이해하기 위해서는 최근 몇 년간 우리의 양육 태도가 왜 급격히 변했는지를 알아야 한다. 앞서 제시한 요소들이 아니더라도, 자녀양육의 역사에 비추어볼 때 우리는 정말 흥미로운 시대를 살고 있다.

우리는 수백 년의 전통을 지닌 독선적인 부모상이 더 이상 바람직하지 않다고 결론 내렸다. 물론 환영할 만한 일이다.

하지만 하나의 지배적인 이데올로기가 사라져버리고, '민주적인 가정'이라는 새로운 이데올로기가 아직 사회 전반에 뿌리내리지 못한 상황에서 우리는 방황하기 시작했다. 과도기적 혼란 속에서 갈팡질팡하던 대부분의 부모들은 '과보호'라는 쉬운 길을 선택했다. 왜 과보호가 쉬운 선택인지 이제부터 설명하겠다.

독선적인 자녀양육은 한때 모든 사회기관에서 채택했던 조직문화, 즉 가부장제의 축소판이다. 가부장제 모델은 쉽게 판별할 수 있다. 우선 한 사람을 정한다. 왕이라고 해도 좋고, 아버지라고 해도 좋다. 그리고 그 사람을 지배자로 정한다. 그는 다른 사람들에게 군림하고, 다른 사람들은 그의 선택에 대해 아무런 이의를 제기하지 못하며, 애초에 그가 어떻게 그런 권력을 휘두르게 되었는지도 문제 삼지 않는다.

그는 자신의 권력과 지위를 이용해 사람들을 자신의 발아래 통제하고, 사람들에게 매우 제한된 권리와 힘만을 부여한다. 물론 사람들이 그의 규칙에 따르도록 만들 실질적인 도구가 필요하다. 지배받는 것을 좋아하는 사람은 없으므로, 언제든지 권력을 비웃으며 "싫어, 난 왕에게 세금 따위 내고 싶지 않아."라거나, 가정의 경우 "싫어, 왜 내가 잔디를 깎아야 해?"라고 반발할 가능성이 있기 때문이다.

왕은 사람들을 복종시켜야 하므로, 말을 안 듣는 사람들은 목을 베거나, 차꼬를 채워 길에 세워 놓는 등의 형벌로 위협한다. 잔디 깎기를 거부하는 자녀에게는 외출 금지라는 협박도 서슴없다. 그리고 지배자는 보상을 통해 사람들의 복종을 유도하기도 한다. 돈, 스티커 판, 등수 매기기, 편애 등등 모든 수단이 동원된다. 적어도 단기간에는 이런 방식들이 어느 정도 통한다.

어떤 방식을 쓰건 지배받는 사람들은 지배자에게 복종하거나 억지로라도 협조한다. 하지만 복종을 강요당한 사람들이 기꺼이 협력하지는 않는다. 관계는 멀어지고 반드시 손상된다.

독선적인 모델이 인간의 일부 기본권을 손상하는 것은 분명한 사실이다. 사회가 발전하면서 우리는 맹목적인 복종이 아니라 협조적인 시민의식을 요구하게 되었고, 서서히 시간이 흐르면서 나라, 일터, 가정 내의 민주화를 향해 싸우게 되었다.

우리가 지금 기본적인 권리라고 생각하는 많은 것들을 쟁취하기 위해 오랫동안 사람들이 목숨 걸고 싸웠다는 사실을 우리는 쉽게 잊곤 한다. 가령,

- 유죄가 입증될 때까지 모든 사람은 무죄다.
- 모든 사람은 토지를 소유할 권리를 갖는다.
- 모든 사람은 공직자를 선출할 권리를 갖는다.
- 모든 사람은 노예가 되지 않을 권리를 갖는다.
- 모든 사람은 인종, 피부색, 신념, 국적, 성별, 나이를 불문하고 품격 있는 대우와 존중받을 권리를 갖는다.

### 새로운 가부장제

아이들의 권리와 자유를 존중하고, 그들을 존엄한 존재로 대우해야 한다는 새로운 가치에 들뜬 우리들은 새로운 자녀교육 방식을 시도하려고 한다. 그런데 정확히 그것은 어떤 방식일까? 무엇을 하지 말아야 하는지는 알겠는데, 그럼 대신 무엇을 해야 하는지는 알 수 없게 되어버렸다. 그 결과 벌어진 상황은 이렇다. 우리는 아이들의 권리를 부모의 권리보다 우위에 놓게 되었고, 아이러니 하게도 지금의 가족들은 가정을 지배하는 전횡적인 아이들에게 휘둘리는 또 다른 가부장적 구조를 갖게 되었다. 우리는 전횡적인 부모가 되지 않으려고 지나친 보상을 제시했고 보시다시피 그 결과는 독선적인 양육이 가져온 것만큼이나 큰 폐해를 가져왔다.

## 성장을 저해하는 과보호

과보호의 폐해를 정확히 이해하기 위해 과보호를 받으며 자란 아이의 세계 안으로 들어가 관심과 보호와 타인의 섬김을 받으며 산다는 것이 어떤 것인지를 체험해보자. 아이는 무엇을 생각하고, 무엇을 느낄까? 부모가 모든 것을 대신해준다면, 아이는 자신과 인생에 대해 어떤 판단을 내리고, 어떤 생존 전략을 세울까?

**과보호는 의욕을 앗아간다**

한 아이가 어느 날 자신이 기르던 물고기가 평소와 다르다는 것을 깨닫는다. 아이는 엄마가 물고기의 갑작스러운 죽음을 감추려고 했음을 알아챈다. 엄마는 그런 행동을 통해 아이에게 "너는 물고기의 죽음이라는 현실을 감당하지 못해."라는 메시지를 전달한 것이다.

엄마의 과보호로 아이는 엄마가 자신을 얼마나 낮게 평가하는지 알게 되고, 자신이 평범한 시련도 견디지 못하는 존재라는 엄마의 생각을 엿보게 된다. 어쩌면 아이는 "어차피 신뢰받지 못하는데 굳이 달라지려 애쓸 필요가 있을까."라고 생각할지도 모른다. 엄마처럼 똑똑하고 훌륭한 사람이 보기에 내가 감정적인 스트레스를 감당하지 못하는 아이라면, 정말로 나는 그런 아이일 테니까.

**나는 잘 못하니까…**

물론 아이들이 상황을 자기 편한 대로 해석하는 사례는 이 밖에도 많다. 에이버리는 혼자 우유병을 잡고 있지 않으면 엄마가 잡아준다는 것을 학습했다. 스스로 숟가락을 잡고 시리얼을 떠먹지 않으면 엄마가 떠먹여준다는 것도, 신발 끈을 제대로 묶지 않으면 엄마가 묶어준다는 것도 알게 되었다.

에이버리는 시행착오의 과정을 통해 뭔가를 잘 못하는 것은 다른 사람들을 움직일 수 있는 확실한 방법이라는 것을 배웠다. 이제 에이버리는 새로운 것을 배우려는 노력을 하지 않는다. 대신 할 수 있는 일을 못하는 척해서 다른 사람의 도움을 이끌어내는 비법을 터득했다. 어떤 어른들은, 나아가 에이버리의 미래의 여자 친구와 약혼녀도 에이버리를 보살펴주면서 상호의존을 통해 충족감을 얻을 것이다.

어쨌든 에이버리는 의존을 통해 자신의 가치를 확인받는 법을 배웠다. 그가 아는 방법이 그것뿐이기 때문에, 그는 인생이 이런 관계의 패턴 속에서 지속되도록 맞추어 살아갈 것이다. 그런 방식이 자신에게 익숙하고 편하기 때문이다. 앞서 말했듯, 우리는 삶이 예측 가능할 때 안심하고 살아갈 수 있다. 비록 그 예측 가능성이 건강하지 못한 관계에 기반을 둔 것일지라도.


**나만 특별해**

엄마가 다른 형제들은 각자 따로 자게 하면서 나만 엄마 침대에서 재우고, 다른 형제들은 거르면서 나만 안거나 업어주고, 다른 형제들은 모두 똑같은 걸 먹이면서 내게만 특별한 요리를 해줬다면, 늘 나만 특별대우를 받았으니까 "나는 특별해."라고 생각하게 되는 것이 당연하다.

모두에게 적용되는 규칙이 자신에게만 적용되지 않을 때, 아이들은 자신이 '특별한' 존재라고 느끼고 종종 자신은 어떤 규칙도 지킬 필요가 없다고 생각하게 된다. '남다른' 아이인 것도, 늘 규칙 위에 있었던 것도 사실이니까.


열두 살이 될 때까지 줄곧 엄마의 과보호를 받으며 자란 폴은 단 한 번도 무리에 적응하거나, 다른 사람에게 협력해본 적이 없었다. 조금이라도 불편하거나 문제가 생기면, 엄마가 나서서 대신 해결해주었기 때문이다.

처음으로 여름 캠프에 간 폴은 난생처음으로 엄마 없이 지내야 했다. 그런데 캠프에서 제공되는 식사가 가련한 응석받이 폴이 감당하기에 버거웠던 모양이다.

그도 그럴 것이 집에서 폴의 엄마는 폴의 즉석 요리사였다. 캠프 식당에 들어서자 저녁메뉴가 무엇인지 알아챈 폴은 주방으로 거침없이 들어가 자신은 정해진 음식 대신 치즈 샌드위치를 먹게 해달라고 요구했다. 주방에서는 '개인의 요구에 일일이 맞춰줄 수 없다'고 설명했다. 폴은 자신이 원하는 대로 인생이 따라주지 않는다는 사실에 격분했다.

폴은 캠프 관계자에게 집에 전화해서 엄마한테 음식을 가져오게 하면 안 되냐고 물었고, 개인적인 외부 음식 반입은 규정에 위배된다는 대답을 들었다. 폴은 분개했다. "왜 내 말을 못 알아듣지? 난 이런 거 못 먹는단 말이야." 폴은 무엇이든 자기 마음대로 하는 데 길들여져 있었다. 폴과 같은 아이들은 어떤 일이 제 마음대로 되지 않는 것을 받아들이지 못하며, 자기 자신 이외에는 관심이 없다.

폴은 결국 집에 전화해서 엄마가 정해진 날짜보다 열흘이나 일찍 자신을 데리러 오도록 만들었다. 폴의 캠프는 그렇게 끝났다. 정말 안된 일이다. 폴은 캠프에서 돈독한 우정을 키우고 같은 방에 묵게 된 친구들과 함께 즐거운 시간을 보낼 수도 있었다. 주방에서 힘들게 식사준비를 하고, 숙소를 말끔히 청소하고 뭔가를 해냈다는 뿌듯함과 성취감을 느끼고, 참여하고, 기여하고, 다른 누군가를 위해 봉사할 때에만 느낄 수 있는 소속감을 맛볼 수도 있었다.

하지만 폴은 자신은 어떤 규칙에도 구속되지 않는다고 믿으며 자라왔다. 그래서 다른 사람들과 같은 규칙을 지키도록 요구받으면 뭔가 무시당한 것 같고, 화가 났다. 그런 폴이 나중에는 다른 규칙들, 예컨대 학교 규칙이나 교통 법규를 잘 지킬까? 어쩌면 자신은 사회 규범 따위는 지킬 필요가 없다고 멋대로 정해버리고 결국 자라서 좀도둑이 될지도 모른다. 소년원에는 이렇게 과보호를 받으며 자란 아이들로 가득하다. 나아가 상담소나 정신병원, 약물 중독자를 위한 재활기관 등도 마찬가지다. 다른 사람과 어울리며 협력하고 싶어 하지 않는 사람들이 늘어나면서 큰 사회적 문제가 되고 있다.

**과보호를 받은 아이들은 자신이 특별하고 우월한 존재라고 생각한다**

우리는 아이들에게 '너는 지금 모습 그대로 세상에 하나뿐인 소중한 사람'이라고 말하며 스스로를 특별하다고 느끼기를 바란다. 하지만 아이들이 스스로 남보다 우월한 존재라는 특권의식을 갖기를 바라는 것은 아니다.

우월감을 갖기 위해서는 우선 주변 사람들을 저울질하고 평가해야 한다. 평가라는 과정을 통해 우리는 다른 사람의 인간적 가치에 나의 잣대를 들이대고, 그 결과 협력이 아닌 경쟁이라는 관점에서 인간관계에 접근하게 된다.

스스로 남보다 우위에 있다고 느낄 때, 우리는 더 이상 평등하지 않고 평등할 때만 누릴 수 있는 결속의 즐거움마저 잃게 된다. 사실 남보다 위에 있는 사람은 정말 외롭다. 스스로 남보다 우위에 있다고 느끼는 많은 사람들은 다른 사람과의 일체감과 소속감의 결여로 인해 극심한 외로움과 침울함을 겪는다.

많은 친구와 지인에 둘러싸여 있는 사람이라도 세상과의 단절감이나 거리감을 느끼곤 한다. 그런 거리감은 다른 사람보다 못하거나 상대적으로 부족하다고 느낄 때뿐만 아니라, 자신을 다른 사람보다 우월하고 고상한 존재라고 여길 때도 찾아온다. 인간의 마음은 서로 몸을 부딪치고, 함께 시련을 견뎌내기를 갈망한다.

한번 생각해보자. 아이들이 스스로를 특별하게 여기도록 만들어놓고, 그 특별한 지위를 유지하기 위해 서로 경쟁하고, 지배하고, 무너뜨리라고 가르친다면 아이들이 어떻게 서로 사이좋게 지낼 수 있겠는가?

### 독선

원하는 것은 무엇이든 얻으며 살아온 사람은 그것이 당연한 권리라고 믿게 된다. 그런 사람은 원하는 것을 얻지 못하면, 마치 억울하게 벌이라도 받은 듯 화를 낸다. 주변 사람들, 친구, 연인, 배우자와의 원만한 관계를 유지하는 데 필요한, 서로 주고받는 능력, 즉 공동체 감각이 발달되지 않은 것이다.

과보호를 받으며 자란 아이는 꼭 필요한 학습이나 발달의 기회를 놓친다. 엄마의 지속적인 개입으로 인해 아이들로 스스로 인생을 감당할 능력을 키울 기회를 얻지 못하고, 그 결과 아이들은 원하는 것은 무엇이든 손에 넣어야 한다는 특권의식과 그럼에도 스스로 아무 쓸모없는 존재라고 믿는 무력감의 묘한 뒤섞임 속에서 성장하게 된다. 오늘날의 아이들이 매우 흔히 겪는 일이다.

### 자아 개념의 부족

도전에 직면하고, 이를 성공적으로 극복하는 경험을 통해 우리는 긍정적인 자아 개념을 갖게 된다. 능력을 키우고, 힘과 역량을 발달시켜가면서 자기애와 자존감이 형성된다. 과보호는 자존감이 발달할 기회를 차단한다.


## 어릴 때 잠깐 응석 좀 받아주면 어때서?
## 절대로 못 고친다니까!

과보호가 어디서 기인했고, 얼마나 해로운지 다 알게 된 지금도, 자녀를 위해 무엇이든 다 해주는 엄마들에게 과보호를 포기하라고 설득하기란 쉽지 않다.

내가 가장 즐겨 인용하는 사례를 하나 소개하겠다. 자녀교육에 관한 워크샵 도중에 청중석에 앉아 있던 어떤 엄마가 아침마다 아들을 깨워 제때에 등교시키기가 너무 힘들다며 나에게 도움을 청했다. 느려 터진 아들 때문에 결국 엄마도 직장에 매일 지각한다는 것이다.

어떻게 제 시간에 아이를 차에 태울 수 있을까?

엄마라면 누구나 공통적으로 겪는 문제였으므로 다들 내가 어떤 조언을 할까 귀를 기울였다. 그 엄마의 출근 전 일과를 자세하게 들은 나는 구체적인 조언에 들어갔다. 그러다가 어느 대목에서 그 엄마가 내 잘못을 바로잡아주었다. "그렇지는 않아요. 우리 애는 대학생이거든요." 다들 말문이 막혔다. 아이의 행실과 아이를 다루는 엄마의 태도만 봐서는 그 엄마의 아들이 성인이라는 사실을 짐작조차 할 수 없었다. 아들은 스무 살이었고, 엄마와 함께 살았는데, 어린아이처럼 엄마가 하나에서 열까지 다 챙겨줘야 겨우 학교에 갈 수 있었다. 엄마는 기꺼이 아들의 뒷바라지를 했다. 힘들게 아들을 깨우고, 아침을 억지로 먹이고, 꾸물거리는 아들을 차에 태워서 캠퍼스까지 실어 날랐다. 엄마는 아들이 대중교통수단을 이용하느라 고생할까 봐 이 모든 난리 법석을 치르고 있었다.

그 순간 워크샵에 참석한 모든 사람들은 지금 당장 과보호를 그만두고 등교 습관을 바로잡지 않는다면, 그들에게도 같은 미래가 기다리고 있음을 깨달았다. 백번의 강의로도 전달할 수 없었던 가르침을 그녀가 몸소 보여준 것이다.

## 무엇을 할 수 있나?

지금 우리는 아주 흥미로운 시대를 살고 있다. 과거와 같이 독선적이고 가혹한 부모가 되고 싶지는 않지만, 그렇다고 어떻게 하면 예전과 다르게 자녀를 키울 수 있는지는 전혀 모르기 때문이다. 우리는 그야말로 긴 세대의 부모들이다!

오늘날 부모들은 이렇게 자녀를 키운다:

엄마는 아들 제이크에게 저녁을 먹으러 오라고 정중하게 말한다. 아들을 존중하고 싶기 때문이다. 그리고 실제로 존중하고 있다. 하지만 제이크는 엄마 말을 들은 척도 하지 않고 계속 놀기만 한다. 이제는 어떻게 할까? 식탁에 차려놓은 음식은 식어가고, 엄마는 옛날처럼 아이를 윽박지르는 방식에 슬슬 마음이 끌리기 시작한다. 아이의 자유롭게 놀 권리가 엄마의 권리를 침해하고 있다! 아이는 엄마가 저녁식사를 준비하느라 소모한 시간과 노동을 전혀 존중하지 않고 있다.

아이를 움직이기 위해 채찍도 당근도 사용할 수 없다면 도대체 어떻게 해야 아이를 식탁으로 불러올 수 있을까? 엄마에게는 두 가지 방법밖에 떠오르지 않는다. 옛날 방식대로 고함을 치거나, 포기하고 먹고 싶을 때 알아서 먹도록 내버려둘 수밖에. 아이는 가족을 위해 자신을 변화시키거나 가족에 협조할 필요를 전혀 느끼지 못하는 것 같다.

아이가 나중에 와서 밥을 달라고 하면, 아이에게는 먹을 권리가 있고, 아이에게는 음식이 필요하므로, 엄마는 아이가 원하는 시간에 음식을 제공해야 한다. 과보호라는 것은 알지만, 엄마로서는 무례하거나 못된 엄마가 될 각오를 하지 않고는 달리 대안이 없어 보인다. 하지만 분명 대안은 있다.

## 민주적 자녀교육 모델

민주적 자녀교육 모델은 어느 누구도 다른 사람에게 예속되지 않는다는 원칙에 입각한다. 우리는 모두 자유를 누릴 권리가 있고 그 자유에는 책임이 따른다.

민주적 자녀교육 모델에서 부모는 아이와 다른 책임과 의무를 가지고 다른 역할을 수행하지만 결코 아이들보다 우월하지는 않다. 힘이나 권력을 통해 통제력을 갖는 것이 아니라, 동등한 구성원 간에 형성되는 공동체 생활의 철칙에 따라 다른 구성원으로부터 협력을 이끌어낸다. 모든 구성원이 발언권을 갖지만 각자의 의견이 항상 관철되지는 않는다. '공동체의 질서' 또는 가족 구성원 간에 이루어진 합의가 가족 내에서 새로운 권위로 자리 잡는다. 이 모델은 아이 스스로 선택할 권리를 존중하지만, 선택의 결과에 대한 책임도 요구한다.

앞의 사례에서 제이크는 저녁을 먹으러 오라는 말을 듣지만, 먹으러 가지 않기로 선택했다. 제이크에게는 선택의 권리가 있으므로 엄마는 강요할 수 없다. 하지만 가족의 식사시간에 나타나지 않기로 한 제이크의 선택은 저녁식사를 건너뛰겠다는 선택이기도 하다. 배가 고프더라도, 식사를 거르기로 한 것은 본인의 선택이므로 그에 따르는 배고픔이라는 결과를 다음 식사시간까지 견뎌야 한다. 엄마가 제이크의 변덕에 맞춰주기를 기대하는 것은 가족끼리 정한 질서나 엄마의 귀중한 시간을 무시하는 것이다. 엄마의 역할은 가족끼리 합의한 시간에 저녁을 차리는 것, 그 이상도 그 이하도 아니다. 엄마는 제이크나 제이크의 선택에 대해 책임이 없다. 엄마는 제이크가 식사시간에 맞춰 나타나도록 아이를 들볶을 필요도, 뒤늦게 밥을 먹겠다는 제이크를 위해 다시 상

차림과 설거지를 할 필요도 없다. 어쩌면 제이크 스스로 정해진 저녁 식사시간에 나타나지 않으면 다음 날 아침까지 기다려야 한다는(또는 자기 손으로서 저녁을 차려 먹고 뒷정리까지 함으로써 엄마에게 불편을 야기하지 않아야 한다는) 것을 알고, 차라리 가족의 식사시간에 맞추고 팀플레이어로서 해택을 누리는 쪽을 선택할지도 모른다.

## 민주적 부모: 과보호는 이제 그만

제이크는 많은 것을 배웠다. 아마 다시는 끼니를 거르지 않을 것이다. 제이크에게는 이제 저녁 식사시간에 늦지 않아야 하는 동기가 생겼으므로 앞으로는 엄마가 굳이 부르지 않아도 알아서 제시간에 나타날 것이다. 어떻게 잔소리 한마디 없이 이런 변화가 가능할까? 제이크는 어떻게 학습했을까?

제이크는 합의한 시간에 나타나지 않은 자신의 행동으로 인해 가족과 함께 식사할 기회를 놓치는 '논리적 귀결'은 물론 굶주림이라는 자연적 귀결을 체험했다. 이것이 민주적인 구조 안에서 아이를 지도하기 위해 부모가 배워야 할 첫 번째 수단이다.

엄마가 아이로 하여금 자신의 행동에 따른 결과를 체험하도록 내버려둔다면, 아이는 성장을 유도하는 여러 가지 경험들을 얻을 수 있다. 엄마는 인생의 바람을 막아주는 바람막이가 아니라 인생을 적절히 걸러주는 거름망과 같다는 비유를 들은 적이 있는데, 이러한 엄마의 역할을 아주 훌륭하게 담아낸 표현이다. 엄마라는 거름망은 아이들에게 적절한 경험을 하게 해주고, 아이가 감당할 수 있는 시련들만으로 걸러줌으로써, 아이는 자신이 가진 힘을 활용하고, 힘과 정신력을 조금씩 길러 마침내 더 큰 도전에 직면할 수 있도록 성장한다. 이 과정은 아이가 태어나는 날부터 시작된다.

바로 그 첫날부터 아이들은 체험을 통해 학습을 시작한다. 그들은 부모의 도움을 받아 세상을 움직이는 다음의 두 가지 법칙을 배운다.


1. 자연의 세계와 그 법칙
2. 인간의 사회와 그 규범


### 자연적 귀결

귀결(consequence)이라는 말은 결과를 의미한다. 아이들에게 자연의 법칙에 따른 귀결을 가르치기 위해서는 아이들에게 원인과 결과의 연관관계, 즉 행동을 바꿈으로서 결과를 바꿀 수 있다는 점을 이해시켜야 한다.

자연적 귀결의 과정은 신속하고 명확하다. 기본 전제는 대자연을 통해 직접 배울 수 있는 것들에 대해 우리는 한 걸음 물러나 있어야 한다는 것이다. 우리의 첫 번째 임무는 뒤로 물러나 내가 뭔가 해야 하는지를 자문해보는 것이다. 아이들로 하여금 인생이 흘러가는 대로 자신을 맡기도록 내버려둔다면 어떻게 될까? 엄마는 지금만큼 애쓰지 않아도 될 것이다!

엄마가 뒷마당에 새 간이 수영장을 설치하고 정원용 호스로 물을 채워 넣자 애니는 당장 들어가 수영하고 싶어 했다. 엄마는 "안 돼, 아직 물이 너무 차니까 좀 기다렸다가 따뜻해지면 들어가."라고 말했다. 애니와 엄마는 수영장에 들어갈 것인지 말지를 놓고 두 시간을 옥신각신했고, 결국 짜증이 난 엄마는 "네 마음대로 해."라고 말했다. 애니는 수영복을 입고 한쪽 다리를 간이 수영장 너머로 들여 놓았다. 발에 물이 닿자마자, 애니는 엄마 말대로 물이 따뜻해지기를 기다리기로 했다.

엄마는 애니를 차가운 물로부터 보호할 필요가 없다. 차가운 물에 들어간다고 애니가 위험해지는 것은 아니다. 엄마는 두 시간 동안 힘들게 딸과 싸웠지만, 결국 아무 의미 없는 싸움이 되고 말았다. 물론 엄마가 딸에게 자신의 지혜로움을 증명하고자 하는 본능이 작용했을지도 모른다. 아무튼 엄마는 그냥 "나 같으면 이렇게 찬 물에는 안 들어가겠다만 너 좋을 대로 해."라고 간단히 대응할 수도 있었다. 그랬더라면 애니와 애니의 판단력에 대해 신뢰하고 존중하고 있다는 점을 보여줄 수 있었을 것이다.

앞서 제이크의 사례에도 동일한 방법을 적용할 수 있다. 제이크가 저녁식사를 거르게 내버려두었으면, 제이크는 배고픔이라는 자연스러운 귀결을 체험했을 것이다. 물론 배는 많이 고프겠지만, 배고픔이 아이에게 큰 위협이 되지는 않는다. 아이들은 음식과 배고픔 사이의 상관관계를 학습하고, 다음 끼니 때까지 버티려면 얼마나 먹어야 하는지 스스로 판단해야 한다. '좋은 엄마'들은 아이들이 스스로의 몸에 대해 잘 알고 있다는 사실을 인정하지 않고, 자신이 아이들에 대해 더 잘 안다고 생각한다. 사실 대부분의 부모들은 아이가 실제로 필요한 양보다 훨씬 많이 먹어야 한다고 생각하기 때문에 늘 아이들에게 '그릇을 다 비우도록' 종용한다. 그러다 보면 아이는 몸이 보내는 신호보다 부모의 지시에 따르는 데 익숙해진다.

아이들은 집중적으로 성장하는 시기에 동면을 준비하는 곰처럼 먹어대지만, 그러다가도 몸이 아프거나 이가 나려고 할 때는 며칠 동안 입맛을 잃기도 한다. 요는 아이들 스스로 얼마나 먹어야 할지 판단하도록 맡겨야 한다는 것이다. 엄마가 할 일은 균형 잡힌 재료를 사다가 미리 정해진 계획대로 때맞춰 제공하는 것이다. 먹는 것도 얼마나 먹을지, 가족의 식사 습관에 어떻게 맞춰야 할지를 결정하는 것도 아이들의 몫이다.

물론 스스로 판단하다 보면 착오가 있을 수도 있고 잘못된 예측으로 인해 배가 고플 때도 간혹 있을 것이다. 그렇다고 기를 쓰고 아이들을 먹이려고 덤비다 보면 어느샌가 또다시 과보호를 하게 된다. 엄마가 자꾸만 아이에게 맞춰주면 아이는 스스로 적응하는 법을 배우지 못한다. 아이의 상황에 공감하고, 다음 식사시간까지 버틸 수 있을 것이라고 말해주면, 아이는 자연스러운 귀결을 통해 배울 기회를 얻고 다음번에는 다른 선택을 하도록 자연스럽게 동기를 부여받게 된다. 아이들은 상황에 맞게 적응한다. 공동체의 질서는 그렇게 유지된다. 협력은 그렇게 배우는 것이다.

### 주의할 점

자연적 귀결에 맡길 경우 지나치게 힘들거나 위험한 결과를 초래한다면 이 방법을 계속해서 사용해서는 안 된다. 교통안전의 중요성을 가르치기 위해 아이를 차도에서 놀게 할 수는 없지 않은가! 하지만 과보호의 경향이 있는 엄마라면 종이에 베거나, 나무 가시에 찔리거나, 무릎이 깨지거나, 심지어 입술이 터져서 몇 바늘 꿰매더라도 별일 아니다, 위험할 것 없다고 스스로에게 반복해서 일깨워야 한다.

또, 자연스러운 귀결이 즉각적으로 드러나지 않을 경우 이 방법은 효과가 없다. 가령 이를 잘 닦지 않는 습관은 자연스럽게 충치로 귀결되지만, 그 결과를 확인하기까지 수년을 기다려야 한다. 아이 입장에서는 결코 두 가지를 원인과 결과로 연결해서 생각할 수 없을 것이고, 부모 입장에서도 구강 위생의 중요성을 가르치기 위해 10년을 기다리는 것은 득 될 것이 없다. 다행히도 민주적인 자녀교육 모델에는 징벌이 아닌 다양한 방식이 존재한다.

### 논리적 귀결

논리적 귀결은 사회적 규범을 가르친다. 자연적 귀결과 효과는 비슷하지만, 이 경우에는 주어진 상황이 정확히 어떠한 논리적 결과로 이어질 것인지를 엄마가 깊이 생각해야 한다는 점이 다르다.

바람직한 논리적 귀결은:
- 아이의 입장에서 **논리적**이어야 한다.
- 아이의 행동과 **연관성**이 있어야 한다. (저녁 먹으러 오지 않은 아이의 행동과 TV시청 금지 사이에는 논리적 연관성을 찾기가 힘들다.)
- 항상 **존중**에 기반을 두어야 한다. 우리의 목표는 사람을 가르치는 것이다.
- **예측**이 가능해야 한다. 아이는 선택에 앞서 각각의 대안들이 가져올 결과를 미리 알 수 있어야 한다.

논리적 귀결방식을 적용하는 데 있어서 신경 써야 할 부분은 논리적 결과가 자연스러운 귀결만큼 일관성 있고 타당하게 전개되어야 하며, 여기에 어떠한 종류의 설교나 못마땅한 표정 혹은 비판도 곁들여서는 안 된다는 점이다.

캐시는 자꾸만 자동차 진입로에 자전거를 세워두었다. 아빠는 퇴근할 때마다 매번 차를 세우고 자전거를 옆으로 치워야 했다. 아빠는 캐시에게 자전거의 주인이라면 자전거를 잘 관리하고 제자리에 세워둘 책임이 있다고 알아듣게 타일렀다. 그리고 만약 또다시 캐시가 자전거를 자동차 진입로에 세워둔다면, 스스로 자전거를 관리할 생각이 없는 것으로 간주하고, 일주일 동안 자전거를 창고에 넣고 문을 잠가버리겠다고 경고했다. 그러고 나면 주말에나 다시 자전거를 탈 수 있을 것이었다.

사흘 후, 아빠가 차를 몰고 집으로 돌아와보니 또 자전거가 진입로에 나와 있었다. 아빠는 캐시에게 아무 말도 하지 않았다. 논리적 귀결의 절차를 단호하게 따랐지만, 캐시가 기분 상해할 만한 말은 한마디도 하지 않았다. 자전거가 사라지고, 그 자리에 자동차가 주차되어 있는 것을 보고 캐시도 상황을 이해했다. 아빠와 캐시 사이에는 아무런 말도 오가지 않았지만, 캐시는 이후 절대로 자전거를 진입로에 세워두지 않았다.

**성공을 위한 팁**

논리적 귀결방식을 사용할 준비가 되었다면 몇 가지 점만 유의하자.

1. 미리 정한 결과를 끝까지 실천해야 한다. 처음에만 제대로 하고 두 번째, 세 번째는 그냥 넘어가서는 안 된다. 일관성은 학습에서 가장 중요한 부분이다. 부모 스스로 일관성을 보여야 아이가 빨리 배운다. 밥상 앞에서 자꾸 앉았다 일어났다 하면 접시를 치워버릴 것이므로 더 이상 음식을 먹을 수 없다고 정했으면 매번 그렇게 해야 한다. 사흘만 독하게 마음 먹으면 온 가족이 방해받지 않고 쾌적한 식사를 즐길 수 있을 것이다.

2. 단순히 논리적 귀결의 위협만으로 학습하지 못하는 아이는 직접 결과를 체험함으로써 배울 수 있다. 이 문장을 다시 한번 읽어보자. 이 부분을 놓치는 사람들이 꽤 많다. 대부분의 과보호성향 엄마들은 위협만 하고 실천에 옮기지 않는다. 아이들도 엄마가 그렇다는 것을 알기 때문에, 실제 행동으로 옮기지 않은 채 말만 해서는 이 방법이 먹히지 않는 것이다. 자전거를 창고에 넣어버리든, 접시를 치워버리든, 말을 했으면 그대로 실천에 옮겨야 한다.

3. 태도가 중요하다. 비난과 지적이 동반되면 효과는 사라지고, 어느새 아이와의 기싸움이 되고 만다. 상황이 요구하는 바와 논리적 귀결에 따른 결과일 뿐이지, 개인적인 감정이 섞이지 않았음을 분명히 해야 한다. 아이의 선택에 비판을 개입시켜서는 안 된다.

## 의존에서 벗어나기

이제부터 나를 따라 맹세해보자. 아이가 혼자 할 수 있는 일을 절대로 대신해주지 않는다고. 이 맹세는 엄마가 아이에게 주는 소중한 선물이다. 단, 다시는 아이가 해달라는 대로 다 해주는 공범이 되지 않겠다는 자발적이고 적극적인 결심이 필요하다. 맹세의 대가로 엄마와 아이는 의존의 굴레를 벗어날 수 있다. 이제 아이가 스스로의 힘으로 점점 늘어나는 인생의 도전들을 감당하는 법을 배우고 그 결과를 누리도록 기회를 주자.

스스로 알아서 하는 아이들은 스스로를 신뢰할 뿐 아니라 자신의 재능을 활용해 가족에게 공헌할 줄 안다. 이것은 매우 중요한 포인트다. 아이들은 가족의 일에 참여하고, 공헌함으로써 일체감과 소속감을 느낄 수 있다. 간단하게 참여와 공헌이라고 부르자. 참여와 공헌은 아이들에게 공동체 감각을 쌓게 해줄 뿐 아니라,

이번에도 역시 엄마의 일손을 덜어준다.

엄마들은 종종 아이들에 대해 어디까지 기대하는 것이 적정한지 잘 판단하지 못한다. 아래에 적은 리스트는 절대로 절대적인 것은 아니지만, 우리 아이들이 얼마나 많은 일을 할 수 있는지를 판단하는 데 있어서 참고자료도 되고 많은 생각할 거리를 제공할 것이다.

## 만 2~3세 아이들이 할 수 있는 일들

- 사용하지 않는 장난감들 제자리에 갖다 놓기
- 책과 잡지 꽂기
- 바닥 쓸기
- 냅킨, 접시, 수저를 테이블에 놓기(처음에는 수저를 정확히 제자리에 놓지 못할 수 있음)
- 먹다가 흘린 음식 치우기
- 간단한 결정 내리기(두 가지 아침 식사 메뉴 가운데 한 가지 고르기)
- 화장실 사용하기
- 이빨 닦기, 손 씻고 닦기, 머리 빗기 등 개인 위생을 위한 간단한 활동
- 약간의 도움을 받아 옷 입기, 혼자 옷 벗기
- 시장에서 사온 박스나 캔에 담긴 식료품을 정해진 위치에

갖다 놓기, 선반 낮은 칸에 물건 정리하기

• 테이블 위 자리 정돈하기, 다 먹은 접시는 남은 음식을 처리한 후 싱크대에 갖다 놓기

## 만 4~5세 아이들이 할 수 있는 일들

• 상 차리기

• 어른을 도와 장 보기, 쇼핑 목록 정리하기

• 장 봐온 식료품 옮기기

• 정해진 시간에 애완동물 먹이 주기

• 어른을 도와 간단히 정원 손질하기

• 어른을 도와 침대 정돈하고 진공청소기로 청소하기

• 어른을 도와 설거지하기 또는 식기 세척기에 그릇 넣기

• 목표 달성 표를 (어른과 함께) 만들어 책임 완수해보기. 일주일간 목표가 달성되면 부모님과 함께 좋아하는 활동 한 가지 하기

• 샌드위치에 버터 바르기

• 우유나 주스에 시리얼 붓기

• 가족이 모여 식사할 때, 부모님과 함께 음식 준비하기

• 간단한 디저트 만들기(컵케이크나 젤리에 토핑 얹기, 아이스크림에 토핑 붓기)

• 핸드 믹서로 감자 으깨기 또는 케이크 반죽 섞기

- 친구와 장난감 나눠 갖기(예절과 나누어 쓰기를 연습한다)
- 우편물 가져오기
- 지켜보는 어른 없이 놀기
- 양말, 손수건, 옷 등을 빨래 건조대 아랫줄에 널기
- 냉장고에서 우유 가져오기
- 연필 깎기

## 만 6세 아이들이 할 수 있는 일들

- 어른을 도와 식단 짜고 식료품 장보기
- 자신이 먹을 샌드위치나 간단한 아침 식사 준비하고 다 먹은 후 치우기
- 자신이 마실 음료수 따르기
- 샐러드에 양상추 뜯어 넣기
- 요리에 특정 재료 넣기
- 잠자리 정돈하고 방 치우기
- 그날 입을 옷을 고르고 혼자 입기
- 세면대, 변기, 욕조 닦기
- 거울, 유리창 닦기
- 빨랫감을 색깔 별로 분류해서 바구니에 넣기
- 세탁이 끝난 옷들을 개켜서 서랍에 넣기
- 전화 받고 걸기

- 정원 일

- 작은 물건 값 치르기

- 쓰레기 내다 버리기

- 애완동물 먹이 주고 주변 청소해주기


**만 7세 아이들이 할 수 있는 일들**

- 자전거 기름칠하고 관리하기, 사용하지 않을 때는 자물쇠 걸어서 정해진 자리에 세워놓기

- 전화 받고 메모 받아 적기

- 간단한 심부름하기

- 잔디에 물 주기

- 개나 고양이 목욕시키기

- 장 봐온 식료품 봉투 집 안으로 옮기기

- 아침에 자명종 소리 듣고 혼자 일어나기. 자기 전에 혼자 다음 날 등교 준비하기

- 정중하고 예의 바르게 행동하고 다른 사람들을 존중하며 함께 나누는 법 배우기

- 학교에 점심값 가지고 다니기

- 질서 있게 화장실 사용하기, 새 수건 걸어놓기

**만 8~9세 아이들이 할 수 있는 일들**

- 냅킨을 순서대로 접고, 테이블 위에 수저 바로 놓기

- 바닥 물걸레질하기

- 어른을 도와 가구 옮기기, 가구 배치 계획 함께 세우기

- 목욕물 스스로 받기

- 부탁받았을 때 다른 사람 돕기

- 자신이 사용하는 옷장 및 서랍 정돈하기

- 부모님과 함께 옷과 신발 고르고 사기

- 담요 개기

- 단추 달기

- 뜯어진 솔기 꿰매기

- 집 안팎의 동물 배설물 치우기

- 조리법 읽고 가족을 위해 간단히 요리하기

- 주변에 도와줄 어른이 있는 경우 잠깐 동안 아기 돌보기

- 울타리나 선반 칠하기

- 어른을 도와 간단한 편지 쓰기*

새로운 역할들을 아이들에게 가르쳐주고 멘토가 되어주기 위해서는 항목별로 시간을 투자해야 한다. 또한 역할을 부여할 때

---

* 오타와 아들러 카운슬링 앤드 컨설팅 센터, 마리온 발라의 배포자료에서 발췌 수정.

는 정확한 지침을 제공해야 한다. "욕실 거울은 유리 세정제와 종이 타월로 닦는데 이 두 가지는 세면대 아래에 있어. 유리세정제 액을 스프레이로 두세 번 분사한 다음 종이 타월을 이 정도 뜯어서 문지르면 돼. 처음에는 이렇게 세정제가 흘러내린 자국이 길게 생기니까 계속 문질러야 하는데, 자국이 보이지 않도록 모양을 그리면서 문질러야 돼. 자국이 다 사라지면 거울 닦기 완료! 다 쓴 종이 타월은 화장실 휴지통이 아니라 부엌 쓰레기통에 버리고, 나머지 물건은 세면대 아래로 치우면 돼."

길고 성가실지 모르지만 다섯 살짜리에게 한 가지를 가르치기 위해서는 필요한 기술, 예상되는 결과, 마무리까지 전체 과정을 알려주어야 한다. 이 과정을 몇 번 지나야 아이가 그 기술을 습득할 수 있다.

## 아이에게 책임을 부여하면 생기는 일

아이들이 아무런 사전 훈련 없이 해낼 수 있는 역할은 수없이 많다. 우리의 역할은 뒤로 한 발짝 물러나는 것뿐이다. '내버려두기'라는 말만 들어도 가슴이 울렁거리는 부모라면 우선 아이가 새로운 책임을 부여받는다고 해서 당장 완벽하게 해내는 것은 아니라는 사실을 먼저 이해해야 한다. 책임을 지는 것은 하나의 과정이다. 각 단계들을 이해한다면 보나마나 잘 안 될 것이라는 생각도 조금씩 달라질 것이다. 여기서는 인내심이 중요한 미덕이다. 우리는 지금 장기적인 수익이 보장되는 느린 자녀교육 방식을 배우고 있음을 기억하자.

1. 불신 단계: 아이들은 엄마 아빠가 말로는 혼자 해보라고 했지만 결코 실천하지 않을 것이라고 생각한다.

2. 시험 단계: 어른들이 얼마나 버티는지 살피며 재미있어한다. 얼마 못가서 엄마 아빠가 나서서 모두 대신 해줄 것이라고 생각한다.

3. 신뢰 단계: 부모가 끼어들어 주도권을 가져가거나 대신 해주지 않는다는 것을 반복적으로 경험하고, 자신들의 선택으로 야기된 결과를 직접 체험하도록 허용하면 아이들은 결국 잘하고 못하고의 여부가 전적으로 자신들의 문제라는 것을 깨닫게 된다.

4. 실수 단계: 책임을 잘 이행하는 것은 결국 스스로를 위한 것이고, 아무도 자신을 대신해주지 않는다는 결론에 도달한 아이들은 어떻게 문제를 해결해야 하는지 궁리하기 시작

한다. 처음 해보는 일이라 판단하고 전략을 수립하는 데 있어서 허점이 생길 것이다. 특히 이 단계에서 아이들은 많은 실패를 경험한다. 부모들이 나서거나 돕고 싶은 충동을 참아내야 하는 것도 이 단계다. 대신 부모들은 '긍정적인 대화(appreciative inquiry)'나 아이들의 사고를 자극하는 소크라테스 식 질문을 통해 아이들이 성공하도록 이끌어줄 수 있다. 엄마는 아이의 문제를 직접 해결해주지 않고 질문만으로도 아이 혼자 해결책을 생각할 수 있도록 자극을 줄 수 있다.

• 수영도구 관리가 계획대로 안 되는 모양이구나. 어떤 문제가 있었니?

• 화요일은 수영하러 가는 날이라는 것을 잊지 않으려면 어떻게 하면 좋을까?

• 문에 메모를 붙여 놓는 방식이 이번에는 효과가 없었던 것 같네. 다음번에는 어떤 방법을 시도해보고 싶니?


5. 숙달 단계: 부모들이 간절히 바라는 단계지만 꾹 참고 기다려야 한다. 다섯 단계 중 마지막 단계이니 결국엔 도달할 것이다. 여기까지 오는 동안 아이가 수영 강습을 몇 번 빼먹거나 다른 곤란을 겪었을 수도 있고 실망했을 수도 있다. 그래도 충분히 그럴 만한 가치가 있다!

처음 이 단원을 시작했을 때 아이를 위해 뭐든 대신 해주는 과보호 엄마였다면, 이제는 좋은 엄마가 되기 위해 아이를 잘 보살펴야 한다는 자신의 오해가 시작된 근원에 다가섰으리라 기대해본다. 아무쪼록 아이와 좋은 관계를 유지하는 데 도움이 되는 다정한 엄마의 모습을 그대로 간직하면서도, 아이의 성장을 저해하고 아이 스스로 발전해나갈 기회를 앗아버리는 과잉육아와 과보호는 최소화하기 바란다. 자녀를 기르면서 우리는 엄격하면서도 다정한 부모여야 한다. 이 책이 둘 사이의 균형을 찾는 데 도움이 되었으면 한다.

어떤 엄마들에게는 아이를 다정다감하게 대하는 것이 전혀 어려운 일이 아니다. 문제는 엄격하게 통제하려고 하는 경향을 타고난 사람들이다. 만약 아량이라고는 눈곱만큼도 없고 아이를 통제하는 것을 사명이라고 여기는 엄마라면 계속해서 다음 단원을 읽어보기 바란다.

# No 엄마 주도적,
# 아이 주도적 만들기

재니스는 딸 서맨사에게 초콜릿 바는 학교 점심시간에만 먹고 집에서는 먹지 말라고 분명히 일렀다. 하지만 소파 쿠션 아래 감추어진 초콜릿 포장을 발견한 재니스는 고집불통인 다섯 살짜리 딸이 엄마 몰래 초콜릿 바를 감추어두고 먹었다는 것을 알았다. 요것 봐라! 재니스는 다시 한번 엄하게 주의를 준 후 초콜릿 바를 냉장고 위 찬장으로 옮겨 딸 서맨사의 손에 닿지 않게 했다. 하지만 다음 날 부엌에 들어가보았더니 식탁 의자가 옮겨져 있었다. 서맨사가 냉장고 위로 기어 올라간 것이다.

그래, 이렇게 나온다면 나도 가만있지 않겠어!

## 자녀를 민주적으로 키우고 싶다면

집안에 말다툼과 몸싸움이 끊이지 않아서 집인지 전쟁터인지 분간이 안 간다면, 아이를 공원에 데리고 나갈 때마다 집에 안 돌아가겠다고 버티는 아이와 실랑이를 벌이다 결국에는 비명 지르고 발버둥 치는 아이를 어깨에 들쳐 메고 식식거리며 귀가한다면, 열세 살 된 아이가 대놓고 반항할 때마다 어디 군사학교에라도 집어넣어버리고 싶다면… 잠깐, 군대라고 아무나 받아줄 리는 없으니 일단 담당자에게 물어나 보시길.

섣불리 짐부터 싸지 마시고… 이 글부터 읽어보자.

이번 장은 흔히 '고집 세고' '기가 센' 아이로 통하는, 좀 더 전통적인 표현을 빌자면 '악동'으로 불리는 자녀를 키우는 엄마들을 위해 준비했다. 아이들 때문에 너무나 많은 시간을 화를 내며 보낸다거나, 내가 무슨 죄를 지어서 이런 '개차반' 때문에 고생을 하나 싶어 가슴이 답답한 모든 엄마들을 위해, 또한 자녀를 너무나 통제하기 힘든 아이로 키운 자신이 엄마로서 실패한 것 같다는 생각을 마음 한편에 품고 사는 '좋은 엄마'들을 위한 장이기도 하다.

앞에서 우리는 아이를 과잉보호하는 엄마들을 살펴보았다. 이제껏 살펴본 엄마들은 엄격과 다정이라는 두 가지 양극단 사이에서 지나치게 '다정'에 치우쳐 있었고, 그런 경우 아이들은 기꺼이 자신의 몸을 내주는 숙주에 기생하는 기생충처럼 세상을 사는 법을 배웠다. 이제부터는 정반대성향의 엄마들, 즉 너무 엄격한 엄마들을 살펴보자. 엄격한 성향의 사람들은 제한과 한계를 확실하게 정하고 적용하는 데만 지나치게 몰두한 나머지 다정함을 발휘할 여유가 없다. 늘 통제하고, 주도하며 너무 많은 규칙을 정하고 아이들에게 개인적인(종종 독선적인) 권위를 과용한다.



1. 아이들이 엄마가 너무 간섭이 심하다고 불평한다.
2. 나는 아이들에게 더 효과적인 방법을 보여줌으로써 도움이 되고자 할 뿐이다.
3. 엄마가 너무 권위적으로 이래라저래라 한다고 아이들이 종종 불평한다.
4. 아이들이 엄마가 자신을 이해하지 못하고, 아이들의 관점에서 보지 못한다고 주장한다.
5. 나는 뭐 하나라도 제대로 되어야 마음이 놓이기 때문에 뭐든 직접 해야 직성이 풀린다. 그러다 보니 늘 일이 많다.
6. 다른 사람들이 일하는 모습을 보면서 내가 하면 더 잘하는데 (내심 저렇게 하면 안 되고, 내 방식이 옳은데)라는 생각이 들어 마음이 편치 않다.

어떤 사람들은 부모가 되기 전부터 독불장군인 사람도 있지만, 대부부의 경우 권위적 성향은 엄마가 되면서 나타난다.

아이를 통제할 수 있는 엄마가 좋은 엄마라는 오해를 극복하기 위해 우선 통제의 속성과 남을 통제하고자 하는 우리의 욕망을 살펴보고, 왜 통제하려는 의식적인 노력이 통제력을 상실하는 결과로 이어지는지도 알아보자. 아울러 어떻게 하면 민주적이면서도 싸움이 아니라 협력을 유도하는 방식을 통해 우리가 원하는 단호함을 얻을 수 있는지도 알아보자.

## 통제는 방해가 된다

훌륭한 업적을 이루어낸 사람들이나 위대한 학자들, 사회적으로 성공한 사람들 가운데 통제적인 성향을 가진 사람들이 있다. 부엌은 늘 티끌하나 없이 정돈되어 있고, 속옷과 양말들은 듀이 십진분류법에 따라 서랍에 차곡차곡 분류되어 있지 않으면 참지 못하는 사람들. 하지만 그런 완벽함의 대가로 이런 사람들은 종종 인간관계를 희생한다. 인간이란 원래 남의 통제를 싫어하기 때문이다. 통제는 사람들의 개인적인 권한을 빼앗는다. 물론 아이들도 예외가 아님은 엄마라면 이미 뼈아픈 경험을 통해 알고 있을 것이다.

전통적인 독선적 부모 대 자녀의 관계는 가족 내에서 힘의 우열 관계로 정의된다. 여기에는 '부모는 아이에게 힘을 휘둘러 규칙을 지키도록 만들어야 한다'는 믿음이 깔려 있다. 많은 부모들이 여전히 이런 방식으로 자녀를 키우고자 한다. 문제는 이 방식이 더 이상 먹히지 않는다는 것이다.

### 왜 먹히지 않을까?

요즘 아이들은 스스로 어른에 비해 사회적으로 열등하다고 생각하지 않으며, 억지로 열등한 위치에 놓이기를 거부한다. 여성운동이 자리 잡으면서 아이들은 가부장적인 가정이 아니라 평등한 가정 분위기에서 자라게 되었다. 이제 남성과 여성은 (상당 부분) 동등해졌고 자녀들은 과거처럼 자신을 가정 내의 서열구조 속에서 바라보지 않는다. 사회는 평등사상을 받아들이면서 아이들도 사회적으로 평등한 존재라는 사실에 익숙해져가고 있다. 이제 (집에서라면 몰라도) 공공장소에서 아이를 때리는 부모는 찾아볼 수 없게 되었고, 학교에서의 체벌도 사라졌다. 더 이상 '어른들 말씀하실 때는 조용히'라는 말은 아이들에게 통하지 않는다. 부모들이 받아들일 준비가 되었든 아니든 대부분의 자녀들은 나름대로의 사회적 평등의식을 갖고 있기 때문이다.

자신이 어른들과 동등한 인간이라고 믿는 요즘 세대의 아이들에게 구시대적인 자녀양육 방식을 억지로 적용하려 한다면 어떤 일이 벌어질까? 아이들은 반항한다. 아이들을 통제함으로써 버릇을 가르치고, 규칙에 따르기를 강요하면 결과는 걷잡을 수 없는 힘겨루기에 말려들 뿐이다.

　모든 인간의 행동은 목적이 있고 10세 이하의 아이들의 문제 행동이 관심, 힘, 복수, 회피라는 네 가지 기본적인 동기로부터 비롯된다고 이야기했었다. 문제행동들은 아이들이 문제를 해결하는 저마다의 방식이다. 아이가 부모와 힘겨루기를 하는 것은 기싸움을 하면 권력을 얻는다는 점을 학습했기 때문이다. 아이에게도 권력이 필요하다. 민주적인 구조에서 사회적 평등체로 살아가기 위해 모든 구성원은 자신에게 영향을 미치는 문제에 대해 의견을 말할 권리를 갖는다. 아이가 권한을 부여받고 자신도 의견을 말할 권리가 있다고 여기는 것은 건설적인 과정을 통해 자신의 힘을 인식했기 때문이다. 그러지 못한 아이는 자신의 무력함을 극복하기 위해 건설적이지 못한 방식으로 투쟁하게 된다.

　아이들이 힘겨루기를 하는 목적은 두 가지다. 첫째, 부모를 화나게 만드는 것이다. 부모를 화나게 함으로써 아이는 자신이 엄청나게 강하다고 여긴다. 자신으로 인해 엄마 아빠가 화내고 불쾌해하는 것을 보며 스스로를 대단한 존재라고 느낀다. 두 번째, 일단 힘겨루기가 시작되면, 대개 자녀가 승리하고 원하는 것을 얻는다. 아이가 잠을 안 자겠다고 떼를 쓰는데 엄마가 "좋아, 10분만이야."라고 말하면 아이는 떼를 쓰면 통한다는 것을 학습한다. 잘 통하는 방식을 찾았는데 포기할 이유가 없다.

물론 부모들은 어른이고 때때로 아이와의 힘겨루기에서 이기기도 한다. 엄마의 어깨에 둘러업힌 채 울부짖으며 끌려가는 아기는 일단 기 싸움에서 졌지만, 엄마가 몸소 보여준 대로, 다른 사람과의 관계에서 협력이 아니라 지배와 통제를 통해 자신의 의지를 관철시키려고 할 것이다. 가정 내에서 힘을 휘두르는 방식이 통용되면 아이는 부모나 나이 어린 형제자매와의 관계에서, 또는 학교에서 다른 아이에게 힘을 휘두르려 하는 경향이 있다.

> **힘에 굶주린 아이 주변에는 반드시 힘에 굶주린 어른이 있다.**

'힘겨루기(power struggle)'라는 말은 일상의 한 부분이 되었고 사람들은 이제 사랑스러운 18개월짜리 아기가 기저귀만 갈려고 하면 다리를 꽈배기처럼 꼬아대는 것이 힘겨루기의 일종이라고 설명할 때마다 정확히 내 말뜻을 이해하고 "맞아요! 힘겨루기가 확실해요."라며 맞장구친다. 하지만 이보다 훨씬 미묘해서 힘겨루기인지 아닌지를 구별하기가 힘든 경우도 있다. 아이들과의 힘겨루기를 피하려면 힘겨루기가 벌어지는 상황을 정확히 가려내고, 그 안에서 실제로 움직이는 사람들 사이의 역학관계를 이해해야 한다.

# 힘겨루기의 실체

모든 인간관계에서 힘이 분배되는 방식은 우리가 이미 살펴본 다음 두 가지 형태로 나눌 수 있다.

1. 수직적 힘의 분배: 수직적 힘의 분배는 한 사람이 위에 있으면, 다른 사람이 아래에 있는 관계로 이루어져 있다. 아무도 열등한 위치, 즉 아래에 있고 싶어 하지 않기 때문에 모든 사람들은 위로 올라가려고 애쓴다. 일단 우월한 지위를 얻으면 우리는 그 지위를 지키고자 아래에 있는 사람들을 지배하고 통제하려 한다.

2. 수평적 힘의 분배: 다행히 수직적인 힘의 분배가 유일한 방식은 아니다. 구성원 모두가 힘을 골고루 나누어 갖는다는 개념을 갖고 있다면 힘을 우열로 나누는 분배방식은 피할 수 있다. 여기서는 다른 사람을 누르고 힘을 빼앗는 것이 아니라 공동의 문제를 해결하기 위해 함께 힘을 사용한다.

> 힘겨루기는 다른 사람을 이기고 수직적인 권력을 얻고자 하는 사람에게 국한된 현상이다.

힘겨루기라는 용어 대신 '힘의 경연'이라는 말을 사용하면 이 현상을 더 잘 이해할 수 있다. 경연대회에 참가한 사람들은 어느 한 사람이 이기고, 다른 사람은 패배하는 결과를 전제로 서로 경쟁한다. 경연은 누가 사다리를 한 칸 올라가고 누가 한 칸 내려오는 지를 정하는 형식으로 이루어져 있다.

이러한 개념은 운동회에서 많이 하던 줄다리기를 통해 설명할 수 있다. 줄다리기에서 두 팀이 줄 양쪽 끝에 선다. 양 팀은 온 힘을 다해 줄을 자기 쪽으로 끌어당김으로써 상대팀의 힘을 무력화하려한다. 그 결과 상대팀을 힘으로 이겨 원래 있던 자리에서 자기편으로 많이 끌어당긴 쪽이 이긴다.

이제 아이들과의 힘겨루기가 어떻게 (늘!) '줄다리기'의 형태를 띠는지 살펴보자.


1. **반드시 두 팀이 참가해야 한다.** 두 사람 모두 싸우기로 합의하지 않는 한 줄다리기는 할 수 없다. 한 사람이 줄을 잡고 다른 사람 주변을 얼쩡댄다고 해서 줄다리기가 시작되지는 않는다. 줄다리기는 다른 한 사람이 줄의 다른 쪽 끝을 집어 들고 반대방향으로 끌어당겨야 비로소 시작된다. 시작! 두 사람이 함께 당긴다. 두 사람이 함께 만들어내는 힘의 대결구도다. 이와 같이 아이가 걸어온 싸움에 응하고, 화를 내고, 적극적으로 공격한다면 엄마는 이미 줄다리기의 줄을 집어든 것이다.

2. **두 팀이 서로 반대 방향으로 줄을 당겨야 한다.** 두 사람이 같은 편이어서는 힘겨루기가 성립하지 않는다. 반대편에 누군가 있어야 한다. 엄마가 "맞아!"라고 말해야, 아이가 "아니야!"라고 반박할 수 있다! 엄마가 "빨간색 컵에 마셔!"라고 해야, 아이도 "싫어, 파란색 컵에 마실거야!"라고 대들 수 있다. 만약 여기서 엄마가 "좋아, 파란색 컵에 마셔."라고 한번 해보자. 아이는 금세 빨간 색 컵에 마시겠다고 우길 것이다. 반대편에 서는 것은 자신이 힘세고 강한 존재임을 과시하기 위한 방법이다. 이두박근이 얼마나 잘 발달했는지 보여주려면 팔을 양쪽으로 축 늘어뜨리고 있어서는 안 된다. 소매를 걷어붙이고 팔꿈치를 굽혀야 멋지게 튀어나온 울퉁불퉁한 근육을 과시할 수 있다. 아이들은 강하게 보이고 싶을 때 밀어낼 상대를 찾아 자신의 힘을 과시하려고 한다. 엄마가 때마침 그 밀어낼 상대가 되어주는 것이다.

3. **승패가 갈린다.** 애초에 줄다리기를 하는 목적은 승자와 패자를 가르는 것이고, 경연이라는 것이 결국 힘센 자를 가리는 것이라는 점을 잊어서는 안 된다. 줄다리기의 결과는 누가 주인이고 누가 종인지, 누가 조종하고 누가 꼭두각시노릇을 하게 될지를 확실하게 정해준다.

우리는 사소한 일에 몰두한 나머지 큰 구도를 놓치고 마는 일이 종종 있다. 아이가 단순히 파란 컵에 물을 마시고 싶어서, 기저귀를 갈기 싫어서 버티고 있는 것이라고 착각하는 것이다. 부모들은 "왜 컵 색깔에 집착하지?" "왜 똥 싼 기저귀를 차고 다니려는 거지?"라는 말도 안 되는 의문에 부딪치면 기가 차고 짜증이 치민다.

하지만 아이들이 버티는 이유는 따로 있다. 그들의 목적은 지배하고 통제하는 것이다. 컵의 색깔과 기저귀는 단순히 승패를 가르기 위해 줄다리기 줄 가운데 달아놓는 깃발일 뿐이다. "냉장고 위에 있는 초콜릿 바를 꺼내기만 하면 엄마가 마음대로 못하게 내가 엄마를 이길 수 있어."

## 걱정 마, 나는 통제하려는 게 아니야

엄마 입장에서는 그럴 의도가 없는데 아이는 엄마가 자신을 통제하려고 한다고 생각하는 경우도 종종 있다. 엄마는 별 뜻 없이 "코트 입어, 갈 시간이야."라고 말했는데, 아이는 엄마의 말을 요청이 아니라 명령으로 받아들일 수 있다. '엄마가 지금 나한테 '당장' 코트 입으라고 명령하고 있어!'라고 말이다. 입장을 바꿔서 생각해보자. 저녁 모임에서 와인을 따라놓고 즐겁게 이야기를 나누며 반 잔 정도 마셨는데 남편이 갑자기 집에 가게 옷 입으라고 말한다면? 아내 입장에서도 남편이 제멋대로라고 여길 것이다. 아이는 그 순간 만약 자신이 코트를 입으면 엄마의 명령에 복종하는 것이 되므로, 자신이 열등한 존재가 된다고, 즉 사다리에서 한 칸 낮은 위치가 된다고 여기게 된다. 아이는 싸운다. 열등한 존재라는 기분을 느끼지 않으려고 아이는 코트 입기를 거부하고, 다시 힘겨루기가 시작된다.

엄마와 아이 사이에 평등하다는 느낌이 부족하기 때문에 아이는 인생을 수직적인 구조로 여기고 관계에 우열이 존재한다고 인식한다. 그래서 아이는 엄마보다 우월한 위치에 놓이려고 싸움을 거는 것이다.

아이가 걸어온 싸움에 엄마가 가담하는 순간, 즉 양 쪽이 줄을 집어드는 순간 코트를 입으면 지는 것이 되어버린다. 이때 아이의 마음을 들여다보자. 여기까지 왔는데 어떻게 아이가 패배감을 느끼지 않고 코트를 입을 수 있겠는가. 일단 힘겨루기가 시작되면 우리가 아이에게 원하는 행동(여기서는 코트를 입는 것)은 아이에게는 죽어도 하기 싫은 일로 변질되어버린다. 의도와는 정반대의 결과가 되어버리는 것이다. 아이가 옷을 입게 하려면 힘겨루기에 말려들지 않아야 한다. 이때 엄마가 힘겨루기에 말려들면 아이로부터 협력을 이끌어낼 가능성이 오히려 줄어든다.

## 힘겨루기에 말려들지 않으려면?

힘겨루기를 피하는 법을 배우려면 어느 정도 노력이 필요하다. 배우는 과정이 힘들더라도 의기소침해져서는 안 된다. 우리가 할 일은 힘을 골고루 나눠가지고, 서로를 더욱 존중하는 평등한 관계를 만들어감으로써 가족 내의 역학관계를 민주적인 방향으로 전환하는 것이다. 수평적인 관계로의 전환은 어마어마한 변화이고, 가족 내의 모든 영역에서의 변화를 의미한다. 따라서 결코 짧은 시간에 이루어지지 않는다. 당장 눈에 띄는 변화들이 보이기 시작한다 해도, 6개월에서 1년 정도는 희망을 잃지 않고 노력해야 완전한 변화를 가져올 수 있다. 우리의 목표는 느린 자녀교육이고, 결국에는 나도 아이도 노력의 결실을 맛볼 수 있다는 점을 잊지 말자.

이제부터 두 가지 방향으로 접근해보자. 한편으로는 지금 당장 시작된 힘겨루기에서 벗어날 수 있는 방법을 알아보고, 다른 한 편으로는 좀 더 장기적인 안목에서 어떻게 아이가 가족 내에서 건설적인 방식으로 자신의 힘을 인식하고 가족 내의 의사결정과 문제해결 과정에 참여하도록 유도할 것인지 생각해보자. 나아가 어떻게 가족 간의 합의와 규칙을 만드는 데 아이 스스로 기여토록 함으로써 함께 만든 규칙과 합의를 따르도록 할 방법도 생각해보자.

## 냉장고 위로 기어 올라가는 아이, 어떻게 하면 좋을까?

아이와의 힘겨루기에 이미 말려든 부모들을 위해 4단계 해결 모델을 소개하겠다. 각 단계를 따라가다 보면 아이와의 충돌을 피하고 힘겨루기에서의 승리가 아닌 아이의 협력을 쟁취하게 될 것이다.

사실, 부모가 할 일은 아주 간단하다. 줄을 놓기만 하면 된다. 한쪽이 싸울 의지가 없다면 다른 한쪽 역시 싸움을 계속할 수가 없다. 줄을 내려놓으면 줄다리기는 그 자리에서 중단된다.

부모가 힘겨루기에서 이기려고 해서는 안 되는 이유는 아이가 힘에 의한 의지의 관철이라는 모델을 학습할 수 있고, 힘으로 눌러 이기는 것은 자녀를 존중하지 않는 행위이기 때문이다.
그렇다고 부모가 져서도 안 된다. 부모 스스로를 존중하지 않는 것이고, 아이들에게 힘겨루기를 통해 원하는 것을 얻을 수 있다는 것을 보여주게 되기 때문이다.
따라서 부모가 이기든 지든 가족 내의 힘겨루기가 지속적으로 통용되는 결과를 낳는다. 우리에게 필요한 것은 그런 결과가 아니다. 우리가 해야 할 일은 휴전을 청하고, 걸려온 싸움을 거부하고, 줄을 내려놓는 것이다.

줄을 내려놓기 위해서, 내려놓기(D.R.O.P)의 4단계 모델을 실천한다면 갈등을 피하고 협력을 이끌어낼 수 있다.

- 싸움에 말려들었음을 감지한다. (Detect)
- 서로의 역할과 책임을 재정의한다. (Redefine)
- 올리브 가지(화해의 말)를 보여주고 선택의 여지를 제시한다. (Offer)
- 내가 해야 할 일을 계속 밀고 나간다. (Push)

이제 각 단계에서 구체적으로 해야 할 일들을 살펴보자.

### D – 싸움에 말려들었음을 감지한다(Detect)

늘 가장 먼저 해야 할 일이다. 힘겨루기 상황에서 빠져나오려면, 우선 스스로 힘겨루기에 말려들었음을, 즉 지금 이 순간 아이의 목적은 다름 아닌 힘이라는 것을 인식해야 한다.

힘은 두 가지 형태로 나타나는데, 바로 수동적인 힘과 능동적인 힘이다. 아이가 능동적인 힘을 추구하는 경우는 쉽게 간파할 수 있다. 이 경우 아이는 자신의 행동을 통해 "나는 내가 원하는 대로 할 거야."라고 말하고 있다. 이런 아이는 줄다리기에 적극적으로 가담하기 때문에 부모는 아이가 노련하게 싸움을 걸어오고 있음을 파악할 수 있다. 수동적으로 힘을 추구하는 아이도 줄다리기에 나서기는 하지만, 힘껏 줄을 잡아당기지 않고 버티기에 들어간다. 줄을 허리에 감고, 발을 단단히 땅에 고정시킨 채 꿈쩍도 하지 않는다. 아이는 바위처럼 그 자리에 버티고 서서 '날 마음대로 움직일 수 없을 것'임을 증명하려고 한다.

능동적인 힘과 수동적인 힘의 추구는 다음과 같은 형태로 드러난다.

- 능동적인 힘: 떼쓰기, 공공연한 반항, 대들기
- 수동적인 힘: 말로만 하겠다고 하고 안 하기, 게으름 피우거나 대충 하기, 늑장 부리기, 반항에 동조하기



아이의 목표가 힘이고, 내가 아이와의 힘겨루기에 말려들었음을 확인하려면, 우선 지금 나의 감정상태가 어떤지부터 살펴보아야 한다. 분노는 가장 전형적인 반응이다. 우리는 싸우고 정복하

기 위한 연료로 분노를 동원한다. 우리는 줄다리기에서 이기기 위해서 화를 더 끌어올린다.

이제 머릿속에서 들려오는 소리에 귀를 기울여보자. "이번에는 그냥 안 넘어가, 필요하다면 찬장에 자물쇠라도 달고 말 거야!"라거나 "이 애물단지야, 본때를 보여주고 말 테다." 같은 소리는 아닌가? 싸움을 격화시키고 부추기는 이런 생각들은 지배하고, 정복하고 통제력을 되찾아야 한다는 나의 요구를 반영한다. 지금 아이의 머릿속에도 아마 똑같은 생각이 떠올랐을 것이다. (아이들이 그런 생각을 누구에게서 배웠겠는가?)

마지막으로, 내가 지금 소리 지르며 아이와 싸우고 있다면, 그리고 아이의 반응에 싸움이 더욱 악화되고 있다면 힘겨루기는 이미 시작된 것이다.

### R − 서로의 역할과 책임을 재정의한다(Redefine)

힘겨루기에 일단 휘말리고 나면 우리는 전세를 '내 뜻'대로 몰고 가기 위해 전력을 다한다. 내 뜻대로 하겠다는 것은 결국 내가 힘을 휘두르고야 말겠다는 강력한 욕구를 드러내는 것이다. '좋은 엄마'들은 자신이 옳고, 따라서 자신은 정말 옳은 일을 위해 싸우고 있다고 믿기 때문에 힘을 향한 자신의 욕구가 눈에 보이지 않는다. 불의에 대한 정의의 승리라고만 생각한다. 이 '올바름'에 대한 욕망으로 인해 우리는 아이들을 사사건건 자신의 뜻대로 움직이려고 한다. 엄마의 영역을 벗어나 아이가 해야 할 역할과 책임까지 떠맡는다. 아이들은 이것을 침해로 받아들이고, 정당한 자신의 역할을 되찾기 위해 막무가내로 싸운다.

캐서린의 두 살짜리 아들 콜은 거의 아무것도 먹지 않을 정도로 편식이 심하다. 캐서린은 자신이 느끼는 좌절감과 분노로 인해 지금 아이가 엄마와 힘겨루기 중이라는 것을 감지할 수 있었다. 엄마의 역할과 책임이 무엇인지 냉정히 생각한 캐서린은 자신이 할 일은 음식 재료를 사다가 균형 잡힌 식사를 제 시간에 제공하는 것이고 그것을 먹는 것은 콜이 할 일이라고 상황을 정리했다. 콜은 스스로 음식을 먹을 수 있는 나이였으므로, 배가 고프면 먹을 것이다. 즉 배고프지 않기 위해 먹는 것은 콜의 역할이며 책임이지 엄마의 일이 아니다.

아이가 충분히 먹지 않아 걱정이라는 말은, 아이가 얼마나 먹어야 충분한지 아이 본인보다 엄마인 내가 더 잘 알고 있다는 의미를 내포한다. 그래서 아이가 엄마 생각만큼 먹지 않으면 아이가 할 일을 대신 해준다. 아이 스스로 필요한 만큼 먹는 양을 조절할 수 있는데도 엄마는 아이의 그런 능력을 무시하고 신뢰하지 않기 때문에 억지로 먹이려고 한다. 아이가 얼마나 먹을지 일일이 관여함으로써 엄마는 아이의 권리를 빼앗고, 빼앗긴 권리를 찾으려는 과정에서 아이는 싸우고 협력을 거부한다.

일단 힘겨루기가 발생하면 우리는 한 걸음 물러나서 크게 심호흡을 하고 상황 전체를 꿰뚫어 본 다음, 지금 상황에서 정말로 필요한 것은 무엇인지를 파악해야 한다. 이것은 민주적인 가정을 이루고 싶다면 꼭 필요한 과정이다. 왜냐하면 사회적 평등체로서 우리는 어느 한 사람이 일방적으로 권위를 휘두르는 상황을 지양하고 사회 질서의 법칙을 존중해야 하기 때문이다. 무엇을 해야 하는지는 개인의 변덕스러운 요구가 아니라 지금 상황에서 현실적으로 필요한 일이 무엇인가에 따라 판단해야 한다. 가령 아이들의 취침시간은 연령별로 적정 수면시간을 고려해 결정해야지 엄마가 피곤한데 아이들이 성가시게 군다고 아무 때나 자라고 강요해서는 안 된다. 지금 자야 하는 이유가 '그냥 엄마가 시켜서'가 아니라 '정해진 취침 시간이 되었기 때문에'여야 한다. 아이들이 엄마가 임의로 정한 취침시간에 자고 싶어 하지 않는다고 해서 어느 한쪽이 이길 때까지 매일 밤 아이들과 싸워서는 안 된다.

스스로에게 자문해보자. 이 상황에서 정말 필요한 것은 무엇인가? 이 상황에서 나의 독단적인 논리를 대신해 적용할 상식적인 논리는 없을까? 아이의 위생과 건강을 위해 씻는 것은 중요하지만, 그렇다고 오늘도 다른 날처럼 저녁 7시 정각에 반드시 씻어야 할까? 별다른 이유 없이 그냥 저녁 먹고 나서 잠옷 갈아입기 전에 씻는 것이 엄마에게 편하니까 그렇게 정한 것은 아닐까? 왜 꼭 그래야 하지? 꼭 그 시간일 필요가 있을까? 꼭 매일 그래야 할까? 어쩌면 아이에게는 더 많은 선택의 가능성과 자신의 의견을 표현할 기회가 필요할 지도 모른다. 어쨌든 아이의 생활에 직접 관련된 일이 아닌가!



힘겨루기에 열중해 있는 동안, 나의 관심은 온통 상대방에게 쏠리는데, 이때 특히 상대방의 잘못은 무엇이고, 어떻게 잘못을 고쳐야 하는지에 집착한다. 이 '상대방' 위주의 접근은 문제를 어렵게 만든다. 왜냐하면,

1. 상대방은 내가 자신을 변화시키고 싶어 한다는 사실을 인식하고, 내가 뭔가 교묘한 술책을 부려 자신을 조종하려 한다고 받아들인다. 주도권을 박탈당할지도 모른다는 느낌은 저항과 전의를 불러일으킨다.

2. 내가 아무리 노력해도, 결국 상대방이 변하지 않으면 아무 것도 이루어지지 않을 때, 나는 통제력을 상실했다고 느낀다. 사실 아무리 노력해도 내가 다른 사람을 통제할 수 없

고 그럴 필요도 없다!

우리는 관심의 대상을 바꿔야 한다. 상식에 비추어 현 상황에서 필요한 것은 무엇이고, 그 안에서 '나'의 책임과 역할은 무엇인지에 관심을 집중해야 한다. 그래서 아이들이 아니라 '나 자신을' 통제하기 위해 당장 무엇을 해야 하는지 판단할 수 있어야 한다. 우리가 관심의 방향을 자신에게 돌리고, 더 이상 힘겨루기 상황을 조성하는 데 동참하지 않는다면, 결국 상대방도 자연스럽게 변화할 것이다.

초콜릿 바를 둘러싼 재니스와 서맨사의 힘겨루기 사례에서 엄마 재니스의 책임과 역할은 음식을 숨겨놓고 아이의 음식 섭취를 통제, 감시하는 것이 아니라 아이의 건강한 식습관을 위해 집에 다른 음식을 준비해놓는 것이다.

하지만 재니스는 초콜릿 바에 대한 딸의 접근을 막음으로써 딸이 언제 무엇을 먹어야 하는지를 일방적으로 통제하려고 했다. 딸 서맨사는 그러한 결정 과정에 참여할 수 없었기 때문에, 일방적으로 엄마의 명령을 받았다고 여겼고, 결국 초콜릿 바를 훔쳐냄으로써 자신의 권리를 몰래 되찾기로 했다.

물론 아이들을 아무 때나 내키는 대로 먹게 한다면 걷잡을 수 없는 혼란이 벌어지고 공동생활의 질서가 무너질 것이다. 더욱이 엄마와 아이의 협력이 보장되지 않는 상황에서는 장을 보고 음식을 준비하느라 재니스가 소모한 시간과 돈은 무시되고 말 것이다. 그렇다면 재니스와 서맨사는 어떻게 의견을 조율할 수 있을까?



재니스는 자신의 역할을 재정의해야 한다. 딸의 간식을 일일이 통제하는 것은 그녀의 책임이 아니다. 오히려 어떻게 하면 서맨사에게 더 많은 권한을 넘겨주어서 음식을 선택하고 소비하는 규칙을 정하는 과정에 참여시킬 것인지를 고민해야 한다.

## O – 올리브 가지를 보여주고 선택의 여지를 제시한다(Offer)

올리브 가지는 평화의 상징이다. 화해의 말이나 행동을 뜻한다. 이 단계에서는 싸울 의지가 없음을 아이에게 분명히 보여주어야 한다. 평화를 제안하는 방법은 다음과 같다.

1. 몸짓: 양 옆구리에 얹어놓은 두 손은 당장 내린다. 혹시 아이를 잡아먹을 듯 노려보고 있다면 즉시 눈에서 힘을 뺀다. 목소리가 싸늘하다면 조용하고 부드러운 말투로 바꾸고, 멀리 떨어져 서 있다면 아이에게 좀 더 가까이 다가선다. 아이

를 위에서 내려다보지 말고, 무릎을 굽혀 눈높이를 맞춘다. 말하는 동안 아이의 어깨를 부드럽게 쓰다듬거나, 아이의 손을 다정하게 잡아보자. 몸짓과 말을 통해 싸우고 도전할 의사가 없다는 점을 보여주어야 한다. 이런 몸짓들은 대화의 분위기를 결정한다. 우리가 전달하고자 하는 바의 80퍼센트가 몸짓을 통해 전달되기 때문이다. 엄마의 몸짓에 따라 아이의 반응이 어떻게 달라지는지 살펴보자. 엄마가 냉혹하면 아이는 더 매몰차게 반응한다. 엄마가 조용히 차근차근 말하면, 아이도 그렇게 한다. 엄마가 먼저 보여줘야 한다. 통제하기를 좋아하는 엄마라면 이 방식이 마음이 들 것이다. 마치 나만의 리모콘이 생긴 것 같을 테니 말이다. 우리의 말과 행동이 아이와의 갈등을 키울 수도 줄일 수도 있다. 지금 당장 해보자. 엄마가 먼저 이성을 찾으면 아이도 따라올 것이다.

2. 말: 싸울 때 내뱉는 모든 말은 무기가 된다. 그러므로 가급적 말을 아끼고 단어도 신중하게 선택한다. 의식적으로라도 말하기보다 듣기에 집중한다. 다음에 제시된 대사들을 시도해본다.
• 다정하게 "나는 이 문제로 싸우고 싶지 않아."라고 말해보자. 단, 말 속에 진심 어린 의도가 담겨 있어야 한다. 사실은 싸우고 싶으면서 싸우고 싶지 않다고 말하면, 아이는 엄마의

진정한 의도를 간파하고 엄마의 말을 무시할 것이다. 나부터
싸우지 않기로 결심한다.

• "네 말이 맞아. 엄마가 억지로 강요할 수는 없어. 하지만 엄
마를 좀 도와줄 수 없니?" 주어진 상황에서 아이의 힘을 이
런 방식으로 인식하고 인정한다면 싸움은 그 자리에서 끝난
다. 아이들은 도움이 되고 싶어 하지만, 억지로 도움을 강요
당하는 것은 원치 않는다. 아이에게 솔직히 터놓고 협조를
요청하면 아이는 방어적인 태도를 취할 필요가 없음을 깨달
을 것이다. 말 한마디가 놀라운 효과를 가져온다.

3. 듣기: 소리 지르고 설교하지 말고, 아이의 말을 듣는다!
우리가 원하는 것은 당면한 문제에 대해 아이의 견해와 관
점을 이해하는 것이다. 아이의 견해가 마음에 들지 않을 수
는 있지만, 그래도 이해할 수는 있다. 엄마가 자신의 말을 들
어주고 이해해준다는 느낌을 받으면, 아이는 엄마의 입장에
더 다가서게 되고 대부분의 힘겨루기는 거기서 끝난다.

4. 웃음: 누군가와 웃으면서 싸울 수는 없다. 긴장이 고조되
는 상황에서 분위기를 바꾸려고 시도한 적이 있다면 웃음의
효과를 이미 체험해보았을 것이다. 웃음의 기술을 더 적극적
으로 사용한다. 나부터 가벼운 기분이 되도록 의식적으로 노

력해보자. "원숭이 아가씨, 바나나라도 찾고 있니? 이건 누구
겨드랑이일까, 간질간질…."



우리가 먼저 올리브 가지를 내밀고 아이들이 경계심을 풀도
록 분위기를 온화하게 바꾼다면, 아이들은 창의적으로 생각하고,
다양한 해결 방법을 찾아내는 데 동참할 것이다. 아이들은 선택
의 여지가 많을수록, 결정 과정에 참여할 수 있는 가능성이 많아
질수록, 자신들의 권한이 커지고 스스로 동등해졌다고 느낄 것이
며, 기꺼이 협력할 것이다.



예를 들어, 재니스는 서맨사에게 초콜릿 바는 점심 도시락으로
싸주려고 산 것이고, 결코 초콜릿 바를 못 먹게 할 의도는 없다는

점을 알려줄 수 있다. 만약 서맨사가 언제 얼마만큼 먹을지를 엄마와 의논할 용의가 있다면 엄마가 집 안에 간식거리를 준비해 두겠다고 아이를 설득할 수도 있다. 그렇게 두 사람은 서로가 받아들일 수 있는 한도 내에서 합의를 이끌어 낼 수 있다. 재니스는 내 방식/네 방식을 대립시켜 갈등과 반항을 불러일으키는 대신, 서맨사의 의견을 묻고 반영함으로써 두 사람 모두에게 최선인 해결책을 찾을 수 있다.

"우리 둘이서 함께 문제를 해결할 수 없을까? 엄마 생각에 네가 간식을 더 자유롭게 먹고 싶어 하는 것 같은데 맞니? 엄마가 초콜릿 바를 숨기는 게 싫지? 그런데 엄마는 네가 저녁밥을 안 먹을까 봐 걱정이 되기도 하고, 초콜릿 바를 집에서 다 먹어버리면 도시락으로 싸갈 수 없게 되는 것도 걱정이거든. 어떻게 하면 우리 두 사람 모두가 만족할 수 있을까?"

재니스는 '초콜릿 바 접근 금지'라는 일방적인 해결책 대신 자신의 고민이 무엇인지를 솔직하게 털어놓았다.

내 생각과 요구사항을 일방적으로 제시하지 말고, 내 고민을 솔직히 털어놓고 문제를 해결하고자 하는 의지를 보여주자.

**P – 내가 해야 할 일을 계속 밀고 나간다(Push)**

올리브 가지가 성공적으로 전달되었고, 내 마음 속에 스스로의 역할과 책임이 분명하게 정립되었다면 이제 말 대신 행동으로, 단호하면서도 다정하게, 보여주어야 한다. 한 단계가 성공할 때마다, 통제하려 들지 않을수록 나뿐만 아니라 가족전체가 더 긍정적인 결과를 얻을 수 있다는 점에 공감하게 될 것이다.

## 힘: 입에 담지 말아야 할 말

그런데 통제권을 넘겨준다는 것이 말처럼 그렇게 쉽지는 않다. 특히 처음이 어렵다. 부모들은 안 그래도 통제하기 어려운 아이들에게 더 큰 힘을 주었다가 완전히 통제력을 잃지 않을까 걱정한다. 대부분의 부모들은 더 강한 통제를 통해 아이들에 대한 권위를 회복하려고 애쓰지만, 결과는 심한 반발로 이어지고 결국 상황은 걷잡을 수 없이 나빠진다.

물론 경우에 따라 커다란 모험일 수도 있다. 특히 자녀교육을 거의 전적으로 통제에 의존해왔고, 늘 엄마 뜻대로 아이를 움직이고 통제하려던 자신의 모습이 자녀에게 전이된 것을 보고 충격을 받았다면 더더욱 쉬운 결정은 아니다. 가족 전체가 구성원 간의 힘의 분배라는 새로운 모델로 전환해야만 끊임없이 반복되는 싸움의 고리를 끊고 서로의 존재를 감사하게 받아들일 수 있다. 앞서 우리는 힘겨루기에 말려들었을 때, 그 악순환에서 빠져나올 수 있는 방법을 배웠다. 이제는 아이에게 권한을 부여하고, 아이가 싸움을 걸어오기 전에 먼저 피할 수 있는 방법이 무엇인지 살펴보자.

## 가족회의: 최고의 가정교육!

민주적인 가정을 이루기 위해서는 민주적인 절차가 자리 잡혀야 한다. 가족회의는 민주적인 가정에서 구성원 간의 감정이 격해지는 것을 피하고 차분하게 함께 문제를 풀어나가기 위해 사용하는 최고의 방법이다. 직장에서 회의를 하듯, 가족 구성원들도 가정을 원활하게 이끌어가기 위해 서로 의견을 나누려면 회의를 해야 한다. 회의에서는 모든 구성원들이 자신의 입장을 전하고 함께 문제를 해결하고, 갈등을 해소하며, 가족들이 함께 지켜나갈 원칙을 확립하는 과정에 참여한다.

가족회의의 가치를 결코 과소평가해서는 안 된다. 가족회의는 자녀들의 협력을 이끌어내기 위해 반드시 필요한 평등을 실현하기 위한 가장 강력한 도구이다.

# 가족회의 운영 방법

드디어 가족회의에 대해 이야기할 수 있다고 생각하니 조금 흥분된다. 가족회의라는 도구만 제대로 사용할 수 있다면 모든 준비는 끝났다! 가족 내에 가장 중요한 변화를 이끌어낼 수 있는 조건이 갖추어진 것이다. 가족회의는 우리의 가정을 진정한 의미의 민주적 가정으로 확립해주며, 그 혜택 역시 엄청나다. 구성원 개개인이 행복해짐은 물론, 가족의 결속이 다져지고, 우리 아이들도 협력적인 문제 해결주체로서 진정으로 충만한 삶을 누릴 준비를 갖추게 된다. 가족회의를 시작하기 위해서 꼭 알아야 할 가장 기본적인 세부사항들부터 이야기를 시작해보겠다. 지금 당장 가족회의를 시작해도 무리가 없도록 상세하게 설명하겠다.

## 자유롭게 말할 수 있는 환경의 조성

어느 가정이든 자유롭게 말할 수 있는 기회가 주어진다면 아이들은 자신의 의견을 공유할 수 있고, 마침내 가족들이 내 이야기를 들어준다는 사실에 너무 흥분해서 다른 사람들이 말하는 동안 차례를 기다리지 못하고 목소리를 높이거나 서로 먼저 말하겠다고 싸우게 된다. 가족회의를 하는 것은 신나는 일이다. 아이들은 자신의 소중한 의견을 빨리 말하고 싶어 안달한다! 아이들이 열정적으로 참여하는 것은 좋은 일이지만, 우선 예의를 지키면서 발언 기회를 나누어 갖는 방법을 훈련해야 한다. 내가 권하는 방법은 '발언봉'을 사용하는 것이다.

> 발언봉은 아메리카 원주민들이 회의 때 누가 말할 차례인지를 표시하기 위해 사용하던 것으로, 발언봉을 가진 사람은 다른 사람의 방해를 받지 않고, 자신의 발언으로 인해 보복당할 염려 없이 자유롭게 말할 기회를 보장받는다.

우리 집에서는 발언봉으로 소금통을 사용했다. 다른 사람의 발언 도중 끼어들지 않고 순번대로 말하는 것에 익숙해질 때까지 우리는 소금통 발언봉을 사용했다. 모든 사람들이 소금통 없이도 순조롭게 회의를 진행하게 되자 소금통은 본래의 자리로 돌아갔다.

발언봉의 가장 중요한 역할은 비난을 두려워하지 않고 솔직하게 터놓고 이야기할 수 있는 환경을 조성하기 위해 다함께 노력하도록 만드는 것이다.

## 시간

회의는 일주일에 한 번씩 하되, 매주 해야 한다. 건너뛰거나, 날짜를 이리저리 옮기기 시작하면 지속하기 어려워진다. 가족회의는 습관이며 전통이자, 가족 모두가 기다리는 행사가 되어야 한

다. 가족회의를 일정관리 프로그램에 반복되는 행사로 입력해 두
거나, 가족이 함께 쓰는 달력에 표시해둔다. 자녀 중 한 사람에게
회의 날짜를 가족 모두가 잊지 않도록 상기시키는 역할을 맡겨도
좋다.

시간을 끌면 회의는 지루해진다. 짧고, 즐겁고, 긍정적인 분위
기로 진행하되, 처음에는 10분에서 15분 이내에 끝나도록 조정하
는 것이 적당하다.


### 출석

가족 전원이 참석해야 한다. 어린아이들, 심지어 아직 말 못하
는 유아를 포함해서 온 가족이 모두 모여야 한다. 아기를 안고 수
유를 하거나 아기용 높은 의자에 앉혀서라도 회의에 참석하도록
하는 게 좋다. 소음을 일으키지 않는 장난감이나 간단한 간식거
리를 주어서 회의 시간을 지루해하지 않도록 한다. 혼자 앉을 수
있는 아기라면 종이와 크레파스를 주고 테이블에 앉아 있도록 한
다. 그렇다고 모든 아이들이 딴짓을 해서는 안 된다. 짧은 회의
시간 동안 가족 전원이 한 장소에 모여 있을 수 있도록 필요한 조
치들을 하라는 것이다.

하지만 참석을 강요해서는 안 된다. 아무도 강요당하는 것을
좋아하지 않는다. 참석을 강요하는 것은 아이들에게 힘을 행사하
고 있다는 것을 증명할 뿐이고, 그것은 회의의 본래 취지와도 맞

지 않다! 게다가 억지로 불려나온 참석자는 회의를 망치려고 할 것이다. 그러므로 참석하지 않으려는 아이에게는 윽박지르지 말고 네가 오지 않아 섭섭하고, 회의에 참석해서 너의 의견을 말해주면 모두 좋아할 것이라고 말해주는 동시에 회의에서 내린 결정은 회의에 참석했건 안 했건 모든 가족 구성원에게 적용된다는 점을 분명히 일러준다.

반드시 모든 사람들이 발언권을 가져야 한다. 하지만 엄마, 아빠의 목소리가 아이들의 목소리보다 더 크거나 아이들의 목소리를 억눌러서는 안 된다. 우리의 목표는 민주적인 가정이다. 가족회의라는 말만 들어도 싫은 소리를 내며 바닥에 드러눕는다면 아이의 마음을 읽어야 한다. 엄마 아빠가 아이들을 일렬로 세워놓고 아이들이 뭘 잘못했고, 앞으로 한 주 동안 어떤 새로운 규칙을 지켜야 하는지 일방적으로 지시하는 회의를 아이들이 좋아할 리 없다. 말썽 피워서 교장실에 불려가는 기분이 들게 해서는 안 된다. 변화에 참여할 권한이 자신에게도 있다고 느껴지지 않거나, 부정적인 이야기만 오간다면 아무도 그런 회의에는 가고 싶지 않을 것이다. 어른들도 마찬가지다.

### 가족회의의 포맷

가족회의는 가족 모두가 즐길 수 있는 형식을 띠어야 한다. 우리 가족만의 특별한 행사로 만들 수만 있다면 얼마든지 자유로운

형식을 취해도 좋다. 여기서는 몇 가지 참고할 만한 기본 틀만 제
시하겠다.

의장을 한 사람 정하고, 회의록을 기록할 서기도 뽑는다. 처음
에는 엄마와 아빠가 이런 역할을 맡을 수도 있지만, 회의가 순조
롭게 거듭되면 모든 가족 구성원이 번갈아 의장과 서기를 맡을
수도 있다. 내 아이들은 다섯 살에 의장을 맡기 시작했고, 쓰는
법을 배우자마자 회의록을 쓰기 시작했다. 아이들이 정말 좋아한
다! 아이들은 가족회의에서 중요한 역할을 맡음으로써 가족에게
기여하고 인정받게 되었다는 사실에 뿌듯해할 것이다.

가급적이면 회의록은 공책 한 권에 계속 기록하도록 권하고 싶
다. 과거에 어떤 결정을 내렸고 어떤 중요한 안건이 있었는지 참
고하고 싶어질 때가 올지도 모르기 때문이다. 뿐만 아니라 회의
록은 훌륭한 기념품이 될 수도 있다. 나는 흔들의자에 앉아 차를
마시며 차분하게 육아일기를 쓰는 여유를 누려보지 못했다. 하지
만 우리 집에는 가족 회의록이 있고 그 안에 가족의 추억들이 담
겨 있다. 아이들도 지나간 회의록을 들춰보기를 좋아한다. 자신
들의 삐뚤빼뚤한 손 글씨를 보고 깔깔대기도 하고 어렸을 때 자
신들에게 어떤 일들이 있었는지를 보고 신기해한다. 나는 심지어
내 어린 시절 가족 회의록도 가지고 있다.

가족회의에 포함시키면 좋을 것 같은 내용들을 한번 적어보았다.

1. 감사: 회의 분위기를 긍정적으로 이끌어가는 데에는 감사의 말을 나누는 것이 효과적이다. 매우 중요한 요소이므로, 안건에 대해 토의할 시간이 없더라도, 매주 모여서 감사의 말을 나누는 시간을 꼭 갖도록 한다. 가족의 영혼을 치유하는 치료제 같은 시간이 될 것이다. 우리는 가족 구성원끼리 또는 가족 모두에게 감사를 표현하는 데 인색하다. 입을 떼기가 쉽지 않다면, 다음과 같은 말로 분위기를 띄워보자.

- 이번 주, 내가 우리 가족의 한 사람이라서 좋았던 이유는…
- 이번 주에 내가 우리 가족 중 누군가에게 정말 감사하고 싶은 일이 있는데…
- 우리 가족이 정말 잘하는 게 있는데…

2. 리뷰: 물론 첫 번째 회의라면 리뷰 할 거리가 없겠지만, 두 번째 회의부터는 실천하기로 했던 일이 어떻게 진행되고 있는지 다들 알고 싶어 할 것이다. 이 과정을 빼먹으면 안 되는 이유는,

- 아이들은 정해진 사항이 단 한 주 동안만 유효하다는 것을 알게 되면 더욱 기꺼이 실천하려 할 것이다. 시간제한이 있다는 것을 알면 아이들을 설득하고 동의를 얻어내기가 훨씬 쉬워진다.

• 가족회의는 문제 해결을 위한 것이므로 늘 피드백이 이
루어진다는 점을 아이들에게 보여줘야 한다. 즉, 평가하
고, 실수를 통해 배우고, 전에 시도했던 해결책을 더 좋은
방향으로 바꾸어도 보고, 애초에 달성하려 했던 목표와 꼭
같지는 않지만 근접한 차선책에 도달하는 과정이 반복된
다는 것을 아이들에게 보여줄 필요가 있다.

3. 새 안건: 자유 게시판을 만들어 가족이라면 누구나 한 주
동안 생각해낸 안건을 다음 회의 의제로 제안할 수 있도록
한다. 가령 재니스는 딸에게 이렇게 말할 수 있다. "좋아, 초
콜릿 바는 도시락으로만 싸간다는 엄마가 정한 규칙이 마음
에 안 드는 모양이니까, 다음 회의 때 간식에 대해 이야기해
보면 어떨까? 더 좋은 방법이 생각날지도 모르잖아?" 대개
이 한마디로 싸움은 그 자리에서 끝나버린다! 아이가 이야
기하고 싶어 하는 의제를 엄마가 게시판에 적어 넣는 것을
보고 아이는 싸우지 않아도 된다는 확신을 얻는다. 마음에
안 드는 부분을 가족회의를 통해 바꿀 수 있는 기회가 생기
기 때문이다.

유의할 점: 가족회의 초기에는 부모가 제안하는 안건은 가급
적 의제에 넣지 않는다. 회의가 긍정적인 분위기로 안정되어

가고 아이들이 회의를 신뢰한다는 확신이 설 때까지 기다리는 것이 좋다.

의장은 안건으로 올라온 사안들을 읽는다. 누구든 안건을 제안한 사람은 해당 안건에 대해 말할 기회를 갖는다. 이때, 의장의 요령이 필요하다. 문제점을 정확히 파악하고, 해결책에 대한 의견을 모으는 데 중점을 두어야 한다. 가족회의가 지난 수요일 세탁물 때문에 촉발된 말다툼의 결판을 내는 장소가 되어서는 안 된다. 그러므로 의장은 어느 한 사람을 콕 집어 잘못을 지적하거나, 비난하거나, 과거의 잘못을 끄집어내지 않도록 세심하게 듣고 있다가 필요하면 발언을 중단시켜야 한다. 과거에 무슨 일이 벌어졌었는지는 중요하지 않다. 앞으로의 일을 의논하기 위해 모인 것이다.

일단 문제가 제기되었다면 (문제 제기가 또다시 싸움으로 번지지 않아야겠지만) 가족들을 모두 브레인스토밍에 참여시켜서 새로운 아이디어를 끄집어낸다. 통제하고 싶어 하는 엄마들을 위해 다시 한번 반복하지만, '모든 사람'이 의견을 내야 한다. 상호 소통을 통한 문제 해결이 관건이다. 그러므로 말하고 싶어 입이 근질근질하더라도 꾹 참고 아이들이 하는 말을 잘 들어보자. 아이들의 의견이 두서없고 실현불가능하게 들릴지도 모른다. 하지만 변화를 가능케 하는 것은 해결책 자체가 아니라 해결책을 도출해내는 과정이다. 아이들은 스스로 참여해서 만들어진 결정과 규칙을 더 잘 따를 것이다. 수많은 아이디어가 쏟아질 것이므로 의견을 차츰 좁혀나가다가 한 가지 의견을 해결책으로 선택해야 한다. 완벽할 필요도 최선일 필요도 없다. 모든 사람들이, 그것도 딱 한 주 동안만 실천하기로 동의할 수 있는 해결책이면 된다. 합의는 다수결의 원칙에 따라 이루어져야 한다.

> 다수결: 나는 사람들을 내 생각대로 움직일 수 있는 기회를 가졌었고, 설령 성공하지 못했다 하더라도 변화를 위해 기꺼이 그 사람들과 함께할 것이다.

아이들은 의견을 말할 기회는 언제든 주어지지만, 결과가 항상 자신의 뜻대로 정해지는 것은 아니라는 점을 배워야 한다. 누군가는 정해진 사항이 마음에 들지 않을 수 있다. 하지만 다수의 의견대로 결정하다 보면 결과를 마음에 들어하지 않는 사람도 있을 수 있음을 인정하되, 그 사람들에게는 한 주 동안만 다른 사람들의 의견을 기꺼이 따를 것인지를 물어본다. 공동체를 위한 도움을 요청받으면 대부분의 경우 협조한다. 사람들은 자신이 공동체와 이해를 같이하고 도움이 되는 존재라고 여기고 싶어 하기 때문이다.

4. 다음 주 계획: 가족회의의 중요한 용도 중 하나는 가족의 일정과 계획을 조정하는 데 있다. 토미는 주말에 있을 중요한 경기 전에 새 축구화를 사러 쇼핑몰에 가야 하는데 언제 가야할까? 패멀라는 금요일 오후에 합창대회 장소까지 차를 태워줄 사람이 필요한데 누구한테 부탁할까? 도서관에서 대출한 책을 목요일까지 반납해야 하는데, 어떻게 하면 기일 내에 반납할 수 있을까? 주말에 할머니 댁에 가기로 했으니 짐도 싸고 자동차로 이동할 때 필요한 물건들도 점검해봐야 한다. 어떤 가족들은 가족회의 시간에 가족 식단을 짜거나 집안일 당번을 정하는 등 가족별로 필요한 결정을 한다. 가족회의를 안 하고 어떻게 이 많은 일들에 가족 개개인의 의견을 모을 수 있을까.

5. 마무리: 가족회의를 좀 더 의미 있는 시간으로 만들 수 있는 방법이 있다. 특히 가족 간에 사이가 틀어졌다면 화해하는 데 도움이 될 것이다. 회의를 마친 후에 함께 즐길 거리를 계획해보자. 퀴즈 맞히기나 보드 게임, 카드놀이도 좋고 팝콘을 미리 준비했다가 함께 영화를 봐도 좋다. 가족의 결속이라는 취지에 부합하기도 하고, 요사이 같은 집에 산다 뿐이지 함께 놀기는커녕 하루 몇 시간도 채 함께 보내지 않는 많은 가족들에게도 꼭 필요한 활동이다.

여전히 가족회의가 왜 꼭 필요한지 모르겠다면, 가족회의가 아이들과 가족 전체에 미칠 긍정적인 효과들을 생각해보자. 특히 가족회의는 아이들에게 다음과 같은 중요한 기술과 자질을 길러준다.

- 문제해결 능력
- 갈등해소 능력
- 의사소통 기술 (타인의 감정을 듣고 나의 감정을 표현하기)
- 같은 현상을 타인의 관점에서 바라봄으로써 타인에게 공감하는 능력
- 자신의 권한을 인식하고, 가족 내에서 의견을 말할 권리를 가지고 변화를 일으킬 수 있다는 용기
- 문제 해결에 대한 더 많은 책임감과 여럿이 함께 도출한 합의를 지키고 협력하려는 의지
- ("그게 나랑 무슨 상관 인데!"라는 냉담한 태도에서) 가족 내, 나아가서는 더 큰 공동체 안에서 남에게 도움이 되고자 하는 의지

**좋은 시작을 위한 유용한 팁**

이제 가족회의를 시작할 마음의 준비가 되었기를 바란다. 어쩌면 오늘 당장 회의를 소집해야겠다고 마음먹었을지도 모르겠

다. 지난 몇 달 동안 아이가 현관에 배낭을 던져놓는 바람에 거슬렸는데 드디어 말할 기회가 생겼다고 좋아하고 있는 것은 아닌지 모르겠다.

가족회의라는 새로운 방식에 눈을 뜬 것은 반갑지만, 처음 한 동안은 너무 큰 문제를 다루지 않았으면 한다.

가족회의를 좋은 기회로 활용하고 싶다면 서둘러서는 안 된다. 처음 한 달간은 감사하는 말로 회의를 시작한 다음 한 가지 의제만 다루도록 한다. 가령 "이번 주에 다 같이 뭐하고 놀까?"와 같은 가벼운 주제가 좋다. 노는 이야기를 한다는데 끼고 싶지 않은 아이가 어디 있겠는가?

가벼운 의제를 선택했더라도, 현관에 던져놓은 배낭에 대해 이야기할 때와 마찬가지로 진지하게 임해야 한다. 다른 사람이 말할 때 잘 들어주고, 차례대로 말하고, 보복이나 방해 걱정 없이 자유롭게 의견을 제시함은 물론 문제 해결, 브레인스토밍, 다수결 같은 기술도 동일하게 사용한다. 재미있는 놀이에 대해 이야기면서 아이들은 가족회의가 어떻게 운영되는지 배우고 가족회의가 얼마나 유용한지, 얼마나 좋은 것인지를 깨닫게 된다. 한 달쯤 지나면 아이들의 입장에서 이야기하고 싶어 할 것 같은 문제들을 토의하고, 그로부터 또 한 달가량이 지나면 그 때는 부모 입장에서 필요한 안건을 제안해보아도 좋다.

다음은 몇 년간 우리 가족회의에서 토의했던 안건들이다.

- 루시: 할로윈 의상 준비와 집 꾸미기 도와주세요.
- 조이: 기니피그 기르고 싶어요. (모든 것은 다수결로 결정!)
- 엄마: 치약 때문에 세면대가 막혀요.
- 아빠: 다른 사람이 말할 때 자꾸 끼어들어요.
- 루시: 도자기 굽기 체험 또 하고 싶어요.
- 엄마: 부엌에 놓아둔 펜과 연필이 없어져요.
- 조이: 차고세일 한 번 더 해요.
- 아빠: 양말을 아무 데나 벗어놓는 사람들이 있어요.
- 엄마: 학교 갔다 와서 보온병을 제때 내놓지 않아요.
- 조이: 노래 교실 수강하고 싶어요.
- 도티 고모 60세 생일파티 참석을 위해 코네티컷 여행 계획 함께 짜요.
- 루시: 사생활 문제, 사람들이 허락 없이 내 물건을 가져가고 내 방에 들어와요.
- 조이: 다른 사람 그림 위에 글씨 쓰지 마세요.

가족회의를 꼭 해봐야 한다. 자리를 잡을 때까지 시행착오와 시간이 필요하겠지만 그렇다고 안 하기에는 좋은 점이 너무 많다. 노력해볼 가치가 충분히 있다!

　가족회의는 아이를 통제하기 위한 수단이 아니라, 상황을 통제하는 수단으로서 엄청난 힘을 갖는다는 점을 반드시 배우게 될 것이다. 아이들은 가족 내에서 동등한 사람으로 인정받고 존중받는다고 여기면 협력적으로 변하여, 온 가족이 하나의 팀으로 단단히 뭉치게 하는 계기가 될 수 있다. 가족회의는 늘 싸움이 끊이지 않던 가정에 다시 웃음을 가져다줄 것이다.

　물론 아이들이 주먹다짐에 몰두해 있거나 코피를 줄줄 흘리느라 가족회의에 참석할 수 없다면 문제는 다르다. (싸움이라면 나도 일가견이 있다. 한번은 오빠가 펜치를 머리 위로 휘두르면서 괴성을 지르며 나를 쫓아온 적도 있다!) 엄마 입장에서 아이들끼리 몸싸움하는 것만큼 속상한 일도 없다. 자녀들이 하루가 멀다 하고 서로 싸운다면 다음 장에서 해결책을 찾아보자.

# 최고의 해결책, 무관심의 관심

엄마라면 누구나 자녀들이 자라서 서로 좋은 친구처럼 지내기를 바란다. 형제자매는 인생에서 가장 많은 부분을 공유하는 사람들이고, 부모, 배우자, 자녀들보다 더 긴 시간을 함께 보낸다. 형제자매는 지금의 나를 형성하는 데 가장 중요한 역할을 한 사람이기도 하다. 평생에 걸친 그들과의 관계 안에서 나라는 사람이 만들어진다. 서로 많은 것을 주고받는 관계이기 때문에 끈끈한 유대를 형성할 수도, 서로에게 아픈 상처가 될 수도 있다.

사회가 요구하는 이상적인 '좋은 엄마'는 자녀들 사이의 관계도 능숙하게 관리하고, 자녀들이 서로를 사랑하고 배려하도록 키운다. 그게 가능할까? 내 자식들끼리 싸울 때만큼 엄마로서 비참한 기분이 들 때도 없다. 여동생의 다리가 자기가 앉은 소파 쪽으로 넘어왔다며 여동생을 발로 차는 아들을 보면 엄마는 어떻게 해야 할까? 요즘 좋은 엄마들의 대처법은 거의 대부분 비슷하다. "누가 동생을 발로 차! 당장 방에 들어가. 동생한테 미안하다고 할 거 아니면 나오지 마."

어디서 많이 들어 본 대사다. 아마 모두들 이와 정확히 똑같은 말을 아이에게 해봤을 것이고, 어떤 엄마는 이번 주 들어서만 열 번 넘게 했을 지도 모른다. 안됐지만, 이런 말과 행동은 절대 금물이다.

어떻게 그 많은 좋은 엄마들이 다 틀릴 수 있냐고? 충분히 그럴 수 있다. 전국 각지의 엄마들이 일시에 공황상태에 빠지는 소리가 들리는 것 같다.

벌주지 말고 긍정적인 방식으로 키우라더니, 격리시키고 맞은 아이에게 사과하게 만드는 것이 그런 방식 아니었던가? 그래도 덮어놓고 때리는 것보다는 아이의 인권을 훨씬 존중해준 것 같은데? 때려도 안 되고 격리도 안 되면 엄마는 도대체 뭘 할 수 있지? 그냥 팔짱끼고 서서 아이들이 주먹다짐하는 모습을 지켜보기만 해야 하나? 세상 어떤 엄마가 그럴 수 있을까? 좋은 엄마라면 절대로 그럴 수는 없지!

좋은 엄마라면 아이들 간의 다툼도 원만히 해결해야 할 책임이 있다는 것이 현대 사회의 통념이다. 엄마는 아이들 사이에 뛰어들어 두 아이를 떼어놓고 때린 아이를 훈육하고 다친 아이를 위로해야 한다. 우리는 보통 '좋은 엄마는 가정을 이끌어나가는 사람'이라고 생각한다. 가정 역시 엄마가 책임져야 할 구역이므로 엄마는 가정 내의 모든 일이 원만하게 굴러가도록 관리해야 하고 가족 간의 관계도 엄마하기 나름이라고 믿는다. 여성들은 아주 어릴 때부터 관계에 집중하도록 사회화된다. 우리는 모든 사람들이 사이좋게 지내도록 하려고 기회만 되면 두 팔 걷어붙이고 나선다. 또 사람들 간의 갈등을 암시하는 미묘한 신호나 몸짓, 가령 고무 배트로 동생의 뒤통수를 때린다든지, 팔에 이빨자국과 부어오른 상처가 나 있다든지 하는 변화를 남자들보다 더 세심하게 살핀다. 형제자매들 간의 싸움은 한없이 격해지고 엄마들은 어떻게든 싸움을 멈추어야 한다는 부담을 느끼게 된다. 이래서 제발 순한 애들로만 점지해달라고 빌었건만. 내 기도가 전달되긴 한 건가?

아이들의 몸싸움을 바라보는 사회 전체의 시선이 예전과 달라지면서 부모들은 더 조심스러워졌다. 앨버타 주 테이버와 콜로라도 주 리틀턴에서 있었던 두 건의 총기 사고* 이후 사람들은 어쩌면 내가 지금 키우고 있는 아이가 괴물일 지도 모른다는 막연한 두려움을 갖게 되었다. 아들이 여동생의 바비 인형을 빼앗아

인형의 머리를 뽑으며 해맑게 웃는 모습을 보면서 엄마는 미래의 범죄자가 될 싹을 키우고 있는 것은 아닌지 걱정한다.

'테러와의 전쟁'이라는 말이 전혀 낯설지 않고, 전국적으로 학교폭력 반대 운동이 한창인 시대에 아이들을 키우는 것은 만만치 않은 일이다. 폭력에 대해 한 치의 관용도 허용하지 않는 사회의 분위기 속에서 엄마들은 자녀들의 훈육을 책임지고, 그들을 말 잘 듣는 아이로 길러내야 한다. 이제는 스파이더맨 잠옷을 입고 넘치는 기운을 발산하느라 정신없이 뛰어다니는 세 살짜리 아이가 동생의 코앞에서 발차기 동작을 하는 모습만 봐도 혹시 애가 너무 폭력적이지 않은지 의심해봐야 하는 시대가 되었다.

엄마들이 느끼는 부담과 우려는 엄청나겠지만, 그래도 나는 이런 분위기의 변화가 이제 사회가 협력적인 아이들을 키워낼 방법을 배울 때라는 신호라고 생각한다. 다양성이라는 변화에 어떻게 대처할 것인지는 우리 가정, 지역사회, 국가, 국제 사회가 함께 고민해야 하는 과제가 되었다. 우리는 이미 다수의 지배와 독점이라는 낡은 관념으로 인해 발생한 인종주의적 폐해를 충분히 경험했다. 힘과 지배력을 동원해 획일적인 이상을 추구하는 것은 더

---

* 1999년 4월 20일, 미국 콜로라도 주 리틀턴의 콜럼바인 고등학교에서 이 학교 학생 두 명이 총을 무차별 난사하여 열세 명을 죽이고 자살한 사건과, 불과 8일 후인 4월 28일, 캐나다 앨버타 주, 테이버에 위치한 W.R. 마이어스 고등학교 복도에서 14세 소년이 이 학교 학생 두 명을 총으로 쏘아서 한 명이 사망하고, 한 명이 크게 다친 사건.

이상 우리의 목표가 아니다. 우리는 형제자매, 이웃, 국가 간의 다름을 받아들이고 함께 살아가는 법을 배우고 싶어 한다. 아이들에게 다양성을 인정하는 환경을 만들어줌으로써 함께 살아가는 법을 가르칠 수 있다.

엄마들은 우선 자녀들이나, 자녀들 간의 문제를 통제할 수 없다는 점을 받아들여야 한다. 아이들 간의 문제는 그들 사이의 관계에서 발생하는 것이고, 아무리 어리더라도 아이들 간의 관계에서 책임자는 아이들 자신이다. 마야 안젤루의 말처럼 이것은 아이들이 '노력'해야 할 일이지 우리 몫은 아니다. 엄마의 개입으로 아이는 자신의 의무를 이행할 수 없게 되고 아이들 간에는 더 깊고 넓은 골이 생겨버린다.

이 장에서는 아이들이 왜 싸우고, 우리 '좋은 엄마'들의 개입이 어떻게 상황을 악화시키는지를 살펴볼 것이다. 그리고 아이들 간의 다툼에 대처하는 효과적인 두 가지 방법을 통해 어떻게 하면 아이들 스스로 바람직한 형제자매 관계를 만들어가고 거기에서 인생의 큰 가치를 얻어낼 수 있는지 알아보자.

## 애들은 도대체 왜 싸우는 걸까?

가족 내의 다툼을 줄이고 싶다면 우선 다툼의 본질을 파악해야 한다. 싸움의 역학을 낱낱이 분석해보자.

앞서 이야기했듯이 모든 행동에 목적이 있다면, 아이들이 대체 무슨 목적으로 그렇게들 서로 치고받는지를 정확히 밝히는 것이 우리가 할 일이다. 아이들은 각자 자신에게 긍정적인 결과를 얻으려고 애쓰는 과정에서 싸우게 된다. 사실 싸울 때의 감정 자체가 좋아서 싸우는 아이들은 없다. 싸움은 불편하고, 스트레스를 야기하기 때문이다. 그럼에도 불구하고 정강이에 킥을 날리는 것을 보면 싸움으로 얻을 수 있는 부수적인 효과가 꽤나 매력적인 모양이다.


이베트의 남매 티나(3세)와 조너선(6세)이 싸움을 통해 무엇을 얻을 수 있는지 살펴보자.


이베트는 저녁에 먹을 감자껍질을 벗기느라 바쁘게 손을 놀리면서도 아래층에서 놀고 있는 아이들 목소리에 귀를 기울이고 있다. 갑자기 뭔가 부딪치는 커다란 소리와 함께 울음소리가 들려온다. 아이들에게 문제가 생긴 모양이다.

급히 아래층에 내려가보니 티나가 머리를 감싸 쥔 채 큰 소리로 울고 있고, 조너선은 팔짱을 낀 채 의기양양한 표정으로 앉아 있다. 이베트는 티나를 안아 올려 아픈 머리에 입을 맞춰주고 꼭 안으며 달래준다.

"조녀선 이게 무슨 짓이야?"

"난 아무 것도 안 했어! 티나가 내 트랜스포머 로봇을 뺏으려고 했단 말야."

티나는 엄마 품 안에서 몸을 잔뜩 웅크린 채 오빠를 가리키며, "오빠가 밀었어!"라고 말한다.

엄마는 누가 무엇을 했는지 보지는 못했지만, 평소에 조녀선이 동생에게 얼마나 거칠고 못되게 구는지 알고 있다. 아파서 울고 있는 동생을 대하는 조녀선의 거만하고 차가운 태도에 엄마는 아들이 야비하고 감정이 메마른 아이라고 생각했고, 아들에게 화가 치민다.

"조녀선, 너 언제까지 그럴래? 엄마도 이제 지겹다! 벌써 여섯 살이면 안 그럴 때도 됐잖아. 동생이 많이 다쳤으면 어쩔 뻔했어? 동생은 너보다 작고 아직 말도 잘 못 알아듣잖아. 네 방에 가서 뭘 잘못했는지 생각해봐. 잘못했다고 할 거 아니면 방에서 나오지 마."


결국 엄마와 아이들 모두에게 불행한 결말이 되고 말았다! 티나는 아프고, 엄마는 화나고, 조녀선은 벌을 받는다. 누구도 원하지 않았던 결말이다.

하지만 꼭 그렇지만은 않다. 다시 한번 상황을 잘 살펴보면 세 사람 각각에게 이 싸움이 주는 감추어진 효과가 보일 것이다.

## 막내 티나가 얻은 것

언뜻 보면, 이 싸움은 덩치 큰 오빠가 장난감 때문에 가엾은 어린동생을 때려서 벌어진 것 같다. 하지만 좀 더 자세히 들여다보면 티나도 이 싸움이 벌어지는 데 분명 한몫을 했고, 싸움을 통해 나름대로 얻는 것도 있다.

이 집의 막내 티나는 어리광 부리기를 좋아한다. 특히 엄마를 끌어들여 엄마가 자신을 싸고돌며 응석을 받아주도록 만든다. 티나는 그러면서 자신이 사랑받는 특별한 존재라고 느낀다. 티나는 바로 그런 엄마의 반응을 기대하고 싸움을 일으킨다. 오빠가 참지 못하고 자신을 밀거나 때릴 것을 알고 일부러 오빠를 화나게 한다. 그래야 울면서 엄마에게 일러바칠 수 있기 때문이다. 엄마는 분명 달려와서 티나를 안아주고 오빠로부터 보호해줄 것이다. 그러면 엄마한테 자신이 얼마나 특별한 존재인지 다시 한번 확인할 수 있다!

티나와 조너선이 싸우고 있을 때, 두 사람 사이에는 힘겨루기가 벌어진다. 조너선은 나이도 많고 몸집도 크고, 더 똑똑하지만, 약삭빠른 어린 티나에게는 확실한 카드가 있다. 아무 때고 그냥 소리 지르고 울기만 하면 오빠를 이길 수 있다는 것이다. 엄마는 어린 티나 편이고, 언제든 티나를 지키기 위해 달려와줄 것이다. 엄마가 보기에 (엄마가 잘못 보고 있는 것이지만) 티나는 아직 너무 어리고 연약해서 혼자 오빠를 감당할 만한 능력이 없다. 남매 간의 다툼을 중재하고 힘겨루기를 해소하기 위해 등장한 엄마의 눈에는 조너선이 동생을 밀었고, 티나는 여전히 죄 없는 희생자일 뿐이다. 조너선은 방으로 쫓겨나는 판결을 받는다.

티나 승, 조너선 패.

티나는 단순히 트랜스포머를 갖고 놀고 싶어서 덤빈 것이 절대로 아니다. 티나의 싸움은 서열 경쟁의 일부이다. 누가 엄마 사랑을 더 많이 받느냐를 놓고 오빠와 경쟁한 것이다. 티나 역시 싸움에 가담했음에도 불구하고, 엄마는 티나를 안아주고 티나의 편을 들어주었다. 이는 티나에 대한 편애를 드러내는 것이므로 서열경쟁은 티나의 명백한 승리로 끝났다!

입 밖에 내지는 않았지만, 티나는 이렇게 말하고 있다. "약 오르지롱. 엄마는 나를 더 사랑하지롱."



두 아이 모두 싸움에 책임이 있다는 사실을 아이들은 알고 있다. 싸울 때마다 늘 똑같다. 싸움은 두 사람이 함께 벌이는 것이다. 하지만 조너선만 벌을 받고, '희생자' 티나의 싸움 가담 사실은 유야무야 덮어버린 채 티나는 벌을 받지 않고 넘어간다.

엄마들은 소위 싸움의 '희생자'가 싸움에서 매우 적극적인 역할을 한다는 사실을 알아채지 못한다. 특히 그 희생자가 아주 작거나 어릴 때에는 더욱 그렇다. 속지 말자. 이제부터라도 아이들의 역할에 더 민감해지길 바란다. 돌 이전의 아기라도 마찬가지다. 트랜스포머 사건의 경우에도 티나는 다음과 같은 방식으로 싸움을 일으키는 데 기여했다.

- 티나는 트랜스포머를 노리기로 한다. 트랜스포머는 오빠가 가장 아끼는 장난감이라서 아무도 못 만지게 한다. 그러니 싸움을 걸기에는 적격이다. 다른 장난감에 손을 댈 수도 있었겠지만, 다른 건 무의미하다. 티나가 원하는 것은 장난감이 아니라 싸움이니까.
- 오빠가 장난감을 잡아당기기 시작했을 때, 티나가 싸움을 피하고 싶었다면 트랜스포머를 놓아버릴 수도 있었다. 번갈아가며 놀자고 하거나 다른 장난감과 바꾸자고 제안할 수도 있었다. 하지만 그럴 이유가 없다. 티나는 지금 일부러 싸움을 걸고 있으니까! 트랜스포머 로봇을 꼭 잡고 절대 놓지 않는다.
- 오빠가 화난 것을 보고, 도망가거나 사과할 수도 있었다. 하지만 티나는 그러지 않고 오빠의 공격 범위 안에 그대로 남아 있었다. 밀 테면 밀어보라고 화난 상대방 주변에 얼쩡거리는 이유는 단 하나, 싸움을 원하기 때문이다.

- 티나는 집 안 다른 곳에서 놀 수도 있었고, 다른 형제와 놀
  수도 있었다. 하지만 티나는 굳이 오빠 옆에 있다가 갈등을
  일으켰다.

## 오빠 조너선이 얻은 것

그렇다면 조너선이 이 싸움에서 얻는 것은 무엇일까? 언뜻 보면 어린 동생의 빛나는 승리의 그늘에 가려 조너선은 부당한 대우와 벌을 받는 쪽인 것 같다. 이번에는 오빠의 입장에서 싸움을 바라보자.

우선, 조너선에게 동생을 그렇게 세게 밀어서 넘어뜨릴 의도는 없었다. 동생이 넘어진 것은 우연한 사고였고 두 아이 모두 그것을 알고 있다. 조너선도 처음에는 미안한 마음이 들었다. 어린 동생이 다치는 것을 원하지 않았기 때문이다. 하지만 동생이 필요 이상으로 크게 비명을 지르고, 자신을 혼나게 만들려고 일부러 심하게 울고 있다는 것을 깨닫자 화가 치밀었다. 동생이 지원군(엄마)을 불러오자 진심어린 후회와 동생에 대한 연민은 사라져 버렸다.

티나를 지원하러 온 엄마는 "이게 무슨 짓이야?"라는 질문으로 다짜고짜 조너선이 나쁜 쪽이라고 단정하고 말았다. 느닷없는 유죄 추정은 엄마가 평소 조너선을 어떻게 생각하는지를 드러냈는데, 그것은 그리 좋은 모습이 아니었다. 두 사람 간의 엇갈리는 진

술을 들은 엄마는 티나의 손을 들어주었다. 티나를 편애한다는 사실을 숨김없이 드러낸 것이다. 조너선은 마음 깊이 상처를 입었다.

조너선에게 동생은 인생을 고달프게 하는 원인이다. 엄마는 조너선에게 '분별력 있게' 행동해서 동생에게 '모범'이 되고, 동생에게 양보하기를 기대한다. 티나가 어리다는 것이 이유다. 하지만 조너선은 티나가 그렇게 약하지만은 않다는 것을 알기 때문에 엄마의 기대가 부당한 편애라고 느껴진다. 엄마가 반복적으로 티나만 감싸기 때문에 조너선은 티나가 밉고 마음이 아프다.

이 시점에서 남매의 관계는 악화되기 시작한다. 두 사람은 경쟁자가 되어가고 있다. 오빠는 더 이상 동생과 협력하고 싶지 않다. 동생과 아무것도 나누어 갖고 싶지도 않고, 억지로 동생과 뭐든 나누어야 한다는 사실에 화가 치민다. 조너선은 동생이 자신의 인생을 망친 데 대한 보복으로 동생을 밀었다. 어차피 벌은 혼자 받을 테니까 억울하지 않게 저질러나 보자는 심정이었다.

티나는 어른들에게 사랑받는 법을 알고 있다. 그런 동생과 경쟁해봐야 조너선에게는 승산이 없다. 결국 조너선은 '예쁜 짓'으로 동생을 이길 수 없다면 '미운 짓'으로 최고가 되면 되겠다고 생각하기에 이르고, 가족 중에서 폭군 역할을 맡기 시작한다. 티나가 아무것도 못하는 아기라서 소중하다면, 조너선은 힘센 악당 역할로 자신의 중요성을 확인할 수 있을 것이다.

일단 가족 내의 분위기와 그 안에서 자신의 역할이 무엇인지에 대해 자기 나름대로의 판단이 서면, 조녀선은 자신이 발견한 법칙에 따라 인생을 풀어나가기 시작한다. 조녀선은 자신이 덜 사랑받고, 부당한 대우를 받고 있음을 증명할 수 있는 상황을 일부러 만든다. 그래야 "봐! 내가 이럴 줄 알았어. 인생은 어차피 불공평하다니까. 또 티나 편만 들잖아. 우리 집에서 나는 늘 이런 취급밖에 못 받아!"라고 당당히 말할 수 있기 때문이다. 동생에게 장난감을 빌려주지 않은 것도, 갈등 상황을 만들어 다시 한번 자신이 부당하게 취급받는다는 사실을 증명하려는 것임을 스스로도 알고 있다.

## 좌절의 악순환

사랑받고자 하는 의욕을 잃어버린 아이들은 사실 가장 많은 사랑이 필요하지만 실제로 제일 못한 대접을 받는 경우가 대부분이다.

## 엄마의 입장

엄마는 좋은 엄마이고 싶다. 그래서 사회 통념이 가르치는 대

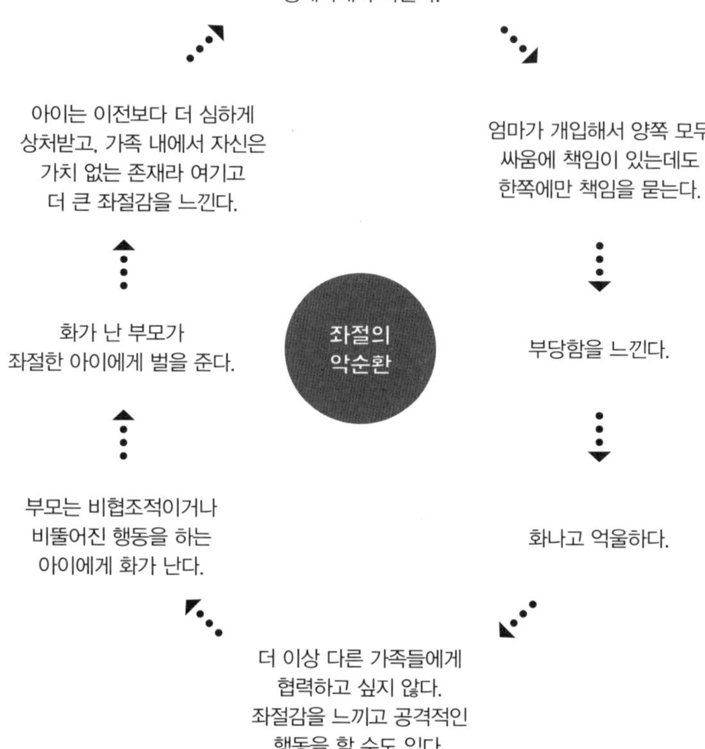


로 자녀들 간의 싸움에 개입하고 직접 문제해결에 나선다. 하지만 엄마는 싸움의 역학을 이해하지 못한 채 자신의 편협하고 주관적인 관점을 통해서 상황을 파악하는데, 종종 엄마의 관점은 자신이 형제자매들 가운데 어떤 위치였느냐에 의해 직접적인 영향을 받는다.

## 막내

엄마가 가족 내에서 막내로 자랐다면 오빠나 언니들에게 시달린 안 좋은 기억 때문에 티나에게 연민을 느낄 것이다. 엄마는 늘 부모님이 나서서 자신을 구해주기를 바랐고, 그래서 자신의 막내딸에게 자신이 부모님에게 기대했던 대로 해주려 할 수도 있다. 하지만 반대로 자신이 언니 오빠를 자극해서 나쁜 짓을 하게 만드는 영악한 아이였다면, 자신의 행동을 기억하고, 막내의 교묘한 속임수에 넘어가지 않을지도 모른다. 자신의 경험을 어떻게 활용하는지는 엄마의 선택이지만, 막내였다는 사실이 자녀를 대하는 방식에 영향을 미치는 것은 사실이다.

## 맏이

엄마가 장녀였다면 어떨까? 맏이들은 보통 많은 책임을 부여받고 어린 동생들을 돌봐주고, 모범이 되며, 자신보다 나이가 어린 다른 사람들을 배려하리라는 기대를 받게 된다. 어린 시절의 책임이 성가시고 부담스러웠다면 엄마는 자신의 자녀에게 그런 부담을 강요하고 싶지 않을 수 있다. 맏이였던 엄마는 그렇지 않은 엄마보다 이런 문제에 민감하게 반응하고 의식할 것이다. 엄마는 자신의 맏딸이나 맏아들이 동생들을 배려해야 하는 상황이 생기면 안타까운 마음에 맏이를 편애할 수도 있다. 뭔가를 보상하고 바로잡으려고 하다 보면 자칫 극단으로 치우칠 수 있으므로 균형을 잃지 않도록 유의해야 한다.

### 중간

그중에서도 중간에 낀 아이들은 가장 심한 좌절감을 느끼게 되는 경우가 많다. 맏이처럼 특권을 누릴 수도, 막내처럼 응석을 부릴 수도 없기 때문이다. 중간 위치의 아이들은 가족 내에서 자신의 자리를 찾느라 힘든 시간을 보내면서 아래위로 치이기 때문에 부모의 편애에 민감해지고, 공평하지 못한 처사에 반발하는 경향을 보인다. 중간 아이들은 늘 다른 형제들보다 손해를 본다고 생각한다. 형제 관계에서 중간이었던 엄마는 늘 아이들을 공정하게 대하려고 애쓴다. 이것은 엄마들 자신의 문제다. 이런 엄마들은 약자의 편에 서지 않고는 못 견딘다. 아이들의 다툼도 공정하게 처리해야 하기 때문에 뒤로 물러서 있지 못하는 것이다. 하지만 불행히도 아이들 다툼에 끼어들어 공평하게 처리하려는 행위를 통해 엄마는 자신도 모르는 사이에 더 큰 불평등을 초래하고 만다.

자신이 다른 형제를 괴롭히는 쪽이었다면 괴롭히는 아이가 느끼는 좌절감의 원인을 잘 이해할 것이다. 자신이 괴롭힘을 당하는 쪽이었다면 괴롭힘 당하는 자녀를 구하고 말겠다는 확고한 의지가 생길 것이다.

자녀들 간의 다툼을 해결하려는 이베트의 개입으로 아이들은 원하던 보상을 얻었고 그 결과 싸움은 해볼 만한 일이 되었다. 엄마는 도움이 될 줄 알고 개입했지만 그런 개입은 근시안적이고 실제로 아이들의 관계를 더 악화시킨다. 하지만 아이들이 반드시 서열을 확인하려고 싸우는 것은 아니다.

## 그냥 내버려두는 것이 여러모로, 특히 엄마에게 좋다

다음 사례에서 싸움을 통해 가족들이 얻는 것이 무엇인지 알아맞혀 보자.

폴과 토드는 점심 식탁에 먼저 도착하려고 달려간다. 둘 다 동시에 같은 의자를 집는다. 서로 밀쳐대는 두 사람을 보며 엄마는 폴에게 의자를 양보하고 옆자리에 앉으라고 말한다. 토드는 이겨서 좋은지 히죽거린다. 마카로니를 내오자 폴이 재빨리 케첩 병을 움켜쥔다. 단지 자신이 먼저라는 것을 보여주기 위해서다. 폴이 토드에게 혀를 내밀자 토드는 식탁 아래로 폴을 차기 시작한다. 엄마는 그만 싸우고 밥이나 먹으라고 말한다. 얇게 자른 오이를 내오자 폴은 토드가 못 가져가게 하려고 오이를 되도록 많이 집는다. 토드는 엄마에게 불평하고 엄마는 또다시 식사를 멈추고 아이들의 나쁜 행동에 개입한다. 엄마는 아이들 때문에 제대로

밥을 먹을 수가 없다. "그거 내려놔." "동생도 한 개 줘." "당장 그
만둬." "애들아 그만 좀 해." 엄마는 너무 힘들고, 자신이 왜 이런
쓸데없는 일에 에너지를 소모해야 하는지 알 수가 없다.

마치 점심 먹으러 온 덤 앤 더머 같다. 서로 툭툭 건드려보지
만, 싸움을 한다기보다 재미삼아 게임을 하는 것 같다. 끊임없이
서로 시비를 걸지만, 싸움이 격해지지는 않는다. 두 사람의 허튼
장난에 힘든 사람은 엄마뿐인 것 같다. 엄마는 아이들을 계속 지
켜봐야 하기 때문에 짜증도 나고 기분이 언짢다. 반면 두 아들은
소란을 피우고 티격태격하면 엄마가 계속 자신들을 봐준다는 것
을 배웠다. 두 아들이 싸울까 봐 온 정신을 집중하다 보면 엄마는
본의 아니게 관객 노릇을 해야 하기 때문이다. 좋은 엄마라면 아
이들이 서로 싸우도록 내버려둬서는 안 된다는 생각에 엄마는 뭐
든 해야 할 것 같은 의무감을 느낀다.

두 아이는 싸움을 통해 엄마의 사랑을 독차지하려는 것이 아니
라, 그냥 엄마의 관심을 얻으려는 것이다. 아이들이 또 비슷한 형
태의 싸움을 시작할 때 엄마가 자리를 뜨는 것이 해결책이 될 수
있다. 엄마가 "조용해지면 엄마 불러."라고 말한 뒤 사라지고, 같
은 상황이 몇 번 반복되면 아이들은 (자신들이 원하는 대로) 엄마를
곁에 붙잡아두고 싶으면 사이좋게 지내야 한다는 것을 깨닫게 될
것이다. 안 그러면 엄마는 가버릴 테니까.

단서1: 엄마의 감정적 반응

- 귀찮다

- 짜증난다

- 성가시다

- 걱정된다


단서2: 엄마의 행동, 아이들이 싸울 때 엄마는 잔소리하거나, 규칙을 일깨워주거나, 아이에게 관심을 보이며 다음과 같이 말한다.

- 그만 좀 해.

- 얘들아 제발 좀, 당장 그만둬!

- 많이 했으니까 이제 양보 해.

- 얌전하게 좀 놀아.

- 야! 너희 둘 다 그만둬.

- 엄마가 다 봤어. 너 ○○○ 하는 거.

- 당장 그만해.

- 우리 집에서는 아무도 그렇게 안 때려!

- 우리 집에서는 아무도 그런 말 안 해!

- 똑바로 말 못해?

- 엄마가 그리로 가면 가만 안 둬.

- 때리지 말고 말로 해.

- 말은 속으로만 하는 거야.


단서3: 엄마의 행동에 대한 아이의 반응: 잠깐 동안은 멈추지만 금방 다시 싸운다.

## 문제해결 방법

이제부터 방법을 바꿔보자. 자녀들의 다툼에 지금과 같은 방식으로 개입하는 것은 아이들이 계속 싸울 동기를 제공할 뿐이다.

아이들 스스로 서로 협력하고 싶어지는 환경을 만들어준다면 아이들은 스스로 좋은 관계를 만들 것이고 싸움은 줄어들 것이다.

협력은 사회적으로 동등한 개체 사이에서만 존재한다. 아이들에게 동등한 조건을 만들어주기 위해서 할 수 있는 일들이 있다.

1. 가족 내에 모든 종류의 경쟁관계를 줄인다.
2. 아이들이 싸워서는 아무 것도 얻을 수 없도록 엄마는 물러나 있는다.
3. 싸움의 협력적인 측면을 인식한다. – 아이들이 같은 배를 탄 한편이 되도록 한다.
4. 아이들 스스로 해결할 수 없는 문제는 주간 가족회의 안건에 포함시키도록 권한다.
5. 용기를 주고 격려한다.

## 자녀들 간의 경쟁관계 줄이기

형제자매가 있는 아이들 가운데 부모가 한 자녀만 편애한다고 느끼는 비율이 85퍼센트나 된다고 한다. 정말 충격적이다. 편애는 아이들의 마음에 상처와 좌절감을 주고 서로 나쁜 감정을 품게 만든다. 자녀들 간의 경쟁도, 부모의 편애도 없는 가정이라면 아이들끼리의 다툼은 그냥 자잘한 일상일 뿐이다. 우열을 정하기 위해 승자와 패자를 가르는 싸움을 할 필요가 없기 때문이다.

아이들이 서로 동등하다고 여기고 가족 내 서열이 올라가거나 내려갈까 봐 걱정하지 않는다면 싸움은 필요 없다. 엄마로서 정말 우리 집에는 경쟁관계가 존재하지 않는지 자문해보자.

| 형제자매 간 경쟁 줄이기 |

1. 아이들을 비교하지 말 것: "토미 너는 왜 토비처럼 방을 깨끗하게 정돈해놓지 못하니?"

2. 아이들을 서로 대결시키지 말 것: "누가 제일 먼저 준비 다하고 차에 타는지 볼 거야."

3. 아이들 각자의 독특한 능력과 재능을 찾아내고 키워줄 것

4. 긍정적 암시(우리 집 척척박사, 우리 집 국가대표 등)도 금물: 어떤 분야에서 최고라는 꼬리표는 그 꼬리표가 붙은 아이에게 부담이 될 뿐만 아니라, 다른 형제자매들로 하여금 이미 누군가가 차지해서 최고가 된 분야에 대해 시도해보고 싶은 의욕을 꺾어버린다.

5. '공평'하려고 지나치게 애쓰지 말 것: 형제자매 사이에 모든 것을 '똑같이', '공평하게' 나누는 것은 사실상 불가능할 뿐 아니라 옳지 않다. 평등과 공정은 경쟁적인 개념이다. 엄마가 공정성을 따지고 들면 아이들은 서로 상대방이 얼마나 가졌는지에 집중하게 되고 결국 또다시 견주고 비교하게 된다! 아이들이 "형이 케이크 더 많이 가져갔어!"라고 불평할 때는, 케이크를 다시 똑같이 나누려고 애쓰지 말고 그냥 이렇게 대답하면 된다. "형이 얼마나 가져갔는지는 신경 쓰지 마. 네가 먹을 만큼 충분히 담으면 됐잖아."

6. '크다', '작다'에 연연하지 말 것: 아이가 '크다'고 좋아하고, 더 어린 자녀들이 작다는 사실을 자주 표현하다 보면 큰 것은 작은 것보다 좋다는 의미로 받아들여질 수 있고, 어린 자녀는 자신이 열등하다고 느끼게 된다. 우리가 인정하고 중시해야 하는 것은 아이들이 가족에 기여하고 도움이 되기 위해 무엇을 하는가이지, 아이들이 타고난 모습이 큰지, 예쁜지, 똑똑한지가 아니다.

7. 칭찬보다 격려: 일의 완성도나 최종 결과물이 아니라 얼마나 노력하고 이전보다 얼마나 좋아졌는지에 대해 언급한다. "오늘 아침에 침대 정리를 완벽하게 잘했구나!"라는 말은 아직 미숙한 더 어린 자녀들에게는 좌절감을 준다. 하지만 "오늘 아침에 침대 정리

끝까지 해내느라고 애 많이 썼구나!"라는 말은 아이의 능력 정도와 무관하게 누구에게나 해줄 수 있다.

8. 부모 스스로 경쟁하지 말 것: 부모는 가정의 분위기를 결정한다. 혹시 배우자와 승자/패자를 가르는 힘겨루기에 몰두하고 있는 것은 아닌가!

자녀들 또는 가족들 간에 평등한 관계가 자리 잡도록, 또는 회복되도록 하는 데 가장 좋은 방법은 아이들 스스로 좋은 관계를 만들도록 믿고 맡기는 것이다. 부모가 자녀들 간의 다툼에 절대로 개입하지 않겠다는 결연한 의지를 보이고 흔들리지 않는다면 아이들의 즉각적인 변화를 느낄 수 있을 것이다.

## 아이들 사이의 문제는 아이들에게

엄마는 더 이상 가족 내 평화의 수호자를 자처하며 아이들끼리 벌어진 갈등상황을 처리하고 스스로의 권위를 높이려 하지 말고 그냥 뒤로 물러서야 한다.

어렵지 않다. 싸우건 말건 무시하자.

아이들 간의 문제는 아이들끼리 책임지고 해결하도록 내버려두되, 엄마는 아이들끼리도 문제를 해결할 수 있다는 믿음만 보여주고 손을 뗀다. 엄마의 직무태만이 아니다. 문제의 진짜 당사자인 아이들을 존중하고, 아이들에 대한 신뢰를 보여주려는 것이다. 얄팍한 수작을 부려봐야 얻을 것이 없다는 경고이기도 하다.

엄마가 개입하지 않고 뒤로 물러나 있을 때 어떤 긍정적인 변화가 일어나는지 상황을 가정해서 살펴보자.

**이베트의 사례: 2회전**

엄마는 저녁에 먹을 감자껍질을 벗기다가 티나의 울음소리를 듣는다. 이번에는 방법을 바꿔보기로 했다. 엄마는 반응하지 않을 작정이다. 엄마는 그 자리에서 하던 일을 계속한다. 이제 티나가 정말 큰소리로 운다. 조금 다쳤나 보다. 하지만 위급상황은 아닌 것 같다.

티나는 엄마가 구하러 달려와주기를 기대하고 기다리다가, 엄마가 끝내 와주지 않자 부엌으로 달려와 눈물범벅이 된 얼굴로 일러바친다. "오빠가 밀었어!"

하지만 엄마의 반응은 충격적이다. 엄마는 "엄마가 안아줄게. 아파서 어떡하니. 그래도 엄마는 오빠랑 티나가 화해할 거라고 믿어."라는 대답과 함께 다시 하던 일을 계속한다.

"이게 뭐지?" 티나는 생각한다. 이제 엄마가 구해주지 않는다. 작고 힘없는 희생자 역할로는 더 이상 엄마를 움직일 수 없다. 어리광으로 엄마의 사랑을 독차지하려는 티나의 의도가 실패했다. 티나가 아무것도 못하는 아기처럼 굴어도 엄마는 이제 관심을 보여주지 않는다. 하지만 한편으로는 엄마가 자신을 믿어주는 것이 싫지 않다. 믿는다는 말에 기분이 좋아진다. 엄마의 관심을 받을 다른 방법을 생각해봐야겠다. 지금처럼 '아무것도 못하는' 아기 작전은 이제 먹히지 않을 테니까.

조너선도 엄마가 또 달려와 자신을 혼낼 것이라 기대하지만, 예상이 빗나갔다. 뭐지! 그동안은 엄마가 동생만 사랑한다고 의기소침해 있었지만, 어쩌면 엄마도 티나가 마냥 순진무구하지만은 않다는 사실을 알고 있을지도 모른다. 조너선은 이제 엄마가 자신만 나쁜 아이로 찍어놓고 부당하게 혼낸다고 여기지 않을 것이다. 어쩌면 엄마도 더 이상 자신을 그렇게 나쁜 아이로 보지 않을지 모른다. 그러면 가족 내에서의 자신의 이미지도 바꿔볼 수 있지 않을까. 누가 강요하지 않는다면 티나에게 트랜스포머를 잠깐씩 빌려주는 것도 그렇게 나쁘지만은 않을 것 같다. 사실 동생에게 친절을 베푸는 것은 조너선에게도 기분 좋은 일이다. 티나도 트랜스포머가 오빠가 아끼는 장난감이라는 것을 아는 이상, 장난감을 빌려주면 오빠의 사랑을 느낄 것이다.

네 번 정도 더 싸워본 후, 아이들은 엄마가 정말로 개입하지 않을 작정임을 깨닫기 시작한다. 티나는 오빠가 만들어놓은 요새를 무너뜨릴 절호의 찬스를 눈앞에 두고도 아무 것도 하지 않는다.

‘에이, 그랬다가는 오빠가 진짜 세게 때릴 텐데 그런 짓을 왜 해? 엄마도 도와주러 안 올 거잖아. 관두는 게 좋겠어.’ 조너선은 기분이 좋아져서 동생에게 호의를 베풀고 싶어진다. “내가 만든 근사한 요새 볼래? 안에도 들어가봐!”

티나와 조너선은 서로를 통해 주고받기, 묵인하기, 순응하기 같은 미묘한 기술을 깨치고 그것을 통해 앞으로 평생을 간직할 협력적인 인간관계를 만들어갈 것이다.

아이들은 순식간에 서로에게 적응하고 분쟁 없이 문제를 해결하는 방법을 찾는다. 내가 친구의 부탁으로 그 집 아이들을 돌보면서 경험한 바로는, 아이들은 몇 시간 만에 이 두 가지를 다 터득한다.

친구의 큰 아이는 여자아이(8세)였는데 머리를 양 갈래로 땋아 내리고 있었다. 한 시간 정도 지났는데 여자아이의 비명이 들렸다. 여섯 살 난 남동생이 땋은 머리 한 쪽을 잡아당기고 있었다. 여자아이는 구해달라는 듯 나를 보았다. 하지만 자신을 방어하기 위한 어떤 행동도 하지 않은 채 그냥 시선만 나에게로 향하고 가만히 있었다. 나는 동생이 누나의 머리를 그렇게 세게 잡아당기고 있지 않다는 것을 알아챘다. 마음만 먹으면 힘껏 잡아당길 수 있는데 왜 그렇게 하지 않을까? 정말 누나를 아프게 하는 것이 목적이었다면 그냥 힘껏 잡아당기면 될 텐데. 누나는 동생보다 두 살 위고 체격으로나 힘으로나 동생을 이길 수 있는데도 왜 반격하지 않는 걸까? 누나는 왜 아무것도 하지 않은 채 누군가 나서서 문제를 해결해줄 때까지 비명만 지르고 있을까?

예상 가능한 시나리오와, 아이들의 행동과 선택을 이리저리 따져보면서 나는 내가 아는 한 가지 사실을 줄곧 머릿속에 담아두었다. 싸움은 '둘이 함께' 하는 것이라는 점이다. 치밀한 작전도 없이 내가 불쑥 개입해버리면 상황을 악화시킬 수도 있다.

그래서 싸움은 두 남매 스스로 선택했다는 점을 염두에 두며 나는 "저런, 동생하고 문제가 생겼나보네. 둘이서 잘 해결하리라고 믿는다."라고 말한 후 자리를 피했다. 이후 무슨 일이 벌어졌는지는 모르지만, 다시 자리로 돌아와보니 둘 다 잘 놀고 있었다. 그래서 나는 아이들이 어떻게든 해결책을 찾았음을 짐작할 수 있었다.

그날 오후 동생은 두어 번 더 누나의 머리를 잡아당겼고, 그 때마다 나는 "나는 그런 거 보기 싫은데."라고 짤막하게 한마디 한 후 자리를 피했다.

안 보는 척하며 슬쩍 곁눈질 해보니 죄 없는 희생자 역할을 하던 누나가 자신의 땋은 머리로 동생의 얼굴을 건드리며 동생을 약 올리기도 하고, 머리를 동생 얼굴 앞에서 이리저리 흔들어 동생이 앞을 볼 수 없게 괴롭히고 있었다. 모르는 사람이 보면 누나가 동생 옆에 있다가 괜히 봉변을 당하는 것 같겠지만 진실은 그렇지 않았다. 그 후로도 세 번 정도 머리 잡아당기기 사건이 더 있었지만 내가 매번 개입하기를 거부하자, 동생은 남은 주말 동안 한 번도 누나의 머리를 잡아당기지 않았다.

아이들에게 사이좋게 놀아야 한다고 애써 가르칠 필요는 없었다. 그냥 아무것도 하지 않음으로써 싸움을 쓸모없는 행위로 만들어버렸을 뿐이다.

## 거래의 비법: 아이들을 같은 배에 태워라

이제 우리는 자녀들 간의 다툼이 두 아이가 기꺼이 참여해서 만들어낸 합작품이라는 것과 한쪽만 편드는 것은 분노, 경쟁, 편애 등 온갖 나쁜 결과를 야기한다는 것을 알게 되었다. 이제부터 '같은 배에 태우기' 전략을 사용해보자.

캐롤린(14세)과 에밀리(10세)는 누가 컴퓨터를 사용할 차례인지를 두고 늘 으르렁거린다. 에밀리는 캐롤린이 친구와 계속 메시지를 주고받느라 컴퓨터를 독차지한다고 화가 나 있다. 가족이 함께 사용하는 거실은 두 아이의 싸움과 끊임없는 컴퓨터 쟁탈전으로 조용할 날이 없다. "이거 놔!" "내 차례야." "지금 제스가 대화방에 들어왔단 말야. 얘는 평소에 잘 안 들어오는 애니까 1분만 더 할게. 제발! 좀 기다려봐! 너 때문에 못살아! 1분을 더 못 기다리니? 어차피 멍청한 친구들이랑 바보같이 수다나 떨 거면서!"

엄마는 두 아이를 '같은 배에 태운다'. 머릿속에 그림을 떠올려보자. 마치 두 아이가 한 대의 카누에 타고 있을 때처럼, 한 아이의 행동은 다른 아이에게 영향을 미친다. 함께 노를 저어 강물을 거슬러 올라갔다면, 물살을 따라 하류로 내려올 때도 힘을 합쳐야 한다. 양쪽 모두에게 잘못이 있고, 둘 다 제 발로 지금의 상황에 말려들어갔으니 거기에서 빠져나오는 것도 두 사람의 공동 책임이라는 것이 이 전략의 요지다. 두 사람은 서로에게서 자유로울 수 없다. 한 사람의 행동이 두 사람 모두에게 영향을 미치기 때문이다. 결과적으로 협력을 피할 수 없게 되어버린다.

엄마는 두 아이에게 계속 그렇게 컴퓨터 때문에 싸우면 컴퓨터를 꺼버리고 두 사람 다 사용하지 못하게 하겠다고 통보한다. 이것은 벌이 아니다. 자유에는 책임이 뒤따른다는 법칙을 실천하는 것뿐이다. 컴퓨터를 사용할 자유를 원한다면 소란을 피우지 말고 서로 협력해가며 사용할 책임을 받아들여야 한다. 두 아이는 컴퓨터 사용 금지라는 논리적 귀결을 받아들여야 한다. 엄마는 딸들의 분쟁을 해결해야 한다는 의무감 대신 공정한 해결책을 찾는 의무를 딸들에게 위임했다. 둘 사이의 문제에 개입하지 않는 한, 엄마는 한쪽 편만 든다거나, 두 딸 중 하나를 편애한다는 비난도 받을 이유가 없다. 엄마는 아이들에게 컴퓨터를 사이좋게 공유하도록, 두 사람 모두 동의할 수 있는 그들만의 해결책을 찾아보라고 요구한다. 두 사람이 합의하지 않는 한 컴퓨터는 다시 켤 수 없다. 두 아이에게는 해결책을 찾아야 할 동기가 있고, 둘 다 엄마를 원망하지 않는다.

한 아이라도 먼저 싸움을 걸면 둘 다 컴퓨터를 잃게 된다. 흠, 이제 아이들은 싸우기 전에 다시 한번 생각해야만 한다. 둘은 다시 한번 같은 출발점에 서게 된다. 두 사람의 행동 여하에 따라 컴퓨터를 켤 수도, 영원히 끌 수도 있으므로 둘 다 사이좋게 지내야 할 확실한 이유가 있다. 해결책을 찾으려면 두 사람이 함께 노력해야 한다.

맷과 딜런은 거실에서 난투극을 벌이고 있다. 엄마는 상황이 심각해지는 것을 보고 싸움을 중단시켜야겠다고 결심한다. 그렇다고 한쪽 편을 들 필요는 없다. 여기서도 '같은 배에 태우기' 작전을 쓸 수 있다. "애들아, 너희 둘이 싸우니까 다른 사람들이 집 안에서 편히 지낼 수가 없구나. 싸우고 싶으면 나가서 싸우렴." 하고 말하며 엄마는 손가락으로 문을 가리킨다.

싸움도 구경꾼이 없으면 재미가 없다. 대부분의 아이들은 문 앞에 도착하기도 전에 싸움을 멈춘다. 나가서 싸우라는 요청은 엄마가 너희들의 싸움에 끼고 싶지 않다는 의사를 분명히 전달한다. 어떤 의미에서는 엄마가 둘의 싸움을 말릴 힘이 없다는 점을 인정하는 것이기도 하다. 싸우려고 작정한 사람은 누가 말려도 싸우는 법! 아무도 그들을 멈출 수는 없다. 싸울 만큼 싸웠다 싶으면 자기들끼리 알아서 관둘 것이다.

중요한 것은 엄마가 아이들의 다툼이 두 사람의 공동작품이라고 점을 받아들이고, 두 사람을 한편으로 취급해야 한다는 것이다. 두 아이 모두에게 각자의 방에 가서 마음을 가라앉히거나 격리된 시간을 가지라고 하는 것도 '같은 배에 태우기' 효과를 기대할 수 있다. 두 아이가 같은 결과를 맞게 한다면 전략은 성공할 것이다.

### 저러다 혹시 다치지 않을까?

그 마음 나도 안다. 저희들끼리 싸우도록 자리를 피하거나, 둘 다 당장 밖으로 나가서 싸우라고 말하고 싶은 마음은 이루 말할 수 없지만 그러다가 둘 중에 하나가 맞아죽기라도 할까 봐 걱정되겠지!

약해지면 안 된다. 처음 잠깐 동안은 싸움이 격해질 수 있다. 왜? 아이들은 싸움을 통해 기대했던 것을 얻지 못하게 됐으니 이전보다 더 힘껏 싸울 것이다. 엄마의 관심을 다시 회복하기 위해 더 힘을 낼 테니 말이다. 아이들은 아무리 죽을힘을 다해 싸워도

엄마가 말려들지 않는다는 사실을 깨닫는 순간 비로소 (그것도 순식간에) 포기한다. 그래도 걱정된다면,

- 아이들이 정말로 서로를 다치게 할 작정이라면, 아무도 도와주러 올 수 없는 순간을 노릴 것이다. 엄마의 개입이 확실한 순간은 피한다는 말씀.
- 세상에는 수많은 형제자매들이 있다. 그들이 모두 서로를 해치려고 마음먹고 싸운다면 병원 응급실은 아이들로 넘쳐날 것이다! 하지만 현실은 그렇지 않다. 응급실 담당의에게 물어봐도 좋다. 아이들이 자기들끼리 싸우다 응급실에 오는 경우는 없다.
- 위험분석의 일인자는 보험사다. 형제자매가 생명을 위협하는 존재라면 아이가 많은 집은 보험료를 더 내야하지 않을까?
- 순간의 감정이나 실수로 형제자매에게 상처를 입혔을 때 아이의 얼굴에 순식간에 드러나는 표정만 봐도 알 수 있다. 형제자매가 다치는 것은 아이들에게도 큰 충격이고 두려운 일이다.

## 어설픈 시도는 안 하느니만 못하다

이제 아이들의 다툼에 개입하지 않으려다가 엄마들이 저지르

기 쉬운 매우 심각한 실수에 대해 경고할 차례다. 엄마들은 새로운 방식을 시도한다는 생각에 들뜬다. 다시는 아이들의 싸움에 휘말리지 않겠다고 혼자 다짐도 한다. 그러다가 우당탕! 정말 싸움이 벌어진다. 처음에는 아이들의 '심리역학'을 꿰고 있다는 생각, 절대로 아이들의 의도에 말려들지 않겠다는 맹세를 떠올리며 스스로 대견해한다.

바로 그때 마이키가 제이미의 목을 조르기 시작한다.

엄마는 더 이상 보고 있을 수가 없다. 당장 뜯어말려야 할 것 같다. 절대 끼어들지 않겠다던 결심은 사라지고 원래 하던 대로 달려가 싸움을 뜯어말린다. 이내 잔소리를 퍼붓고 벌을 준다. 엄마는 자신도 모르는 사이에 아이들에게 하나의 교훈을 준다. 엄마는 작은 싸움은 그냥 넘어가지만, 크고 격한 싸움은 두고 보지 않는다. 엄마를 끌어들이려면 진짜 과격하게 싸워야 한다. 저런. 싸움을 막으려던 행동이 싸움을 더욱 격렬하게 만드는 결과를 가져왔다.

헛수고를 하고 말았다. "다시 출발점으로, 월급은 받을 수 없습니다."*

정말로 아이들의 싸움에 냉정해지고, 한 걸음 물러나려고 마음

---

* 부루마블, 모노폴리 등의 보드게임에서 말이 게임판을 한 바퀴 돌아 출발점을 다시 지나면 월급을 받지만, 감옥이나 무인도에 갇히기 위해 출발점을 지날 때는 월급을 받지 못하는 것을 말한다.

먹었다면 목 조르는 장면은 아예 보지 못했어야 한다. 아이들에게 엄마의 부재를 확실하게 각인시켜야 한다. 필요하다면 집 밖으로 나가거나, 책을 한 권 들고 화장실에 들어가 문을 잠그고 나오지 않는 방법도 있다. 싸움이 끝날 때까지 엄마는 돌아오지 않는다는 사실을 아이들이 알아야 한다. 싸우는 소리가 거슬린다면 이어폰을 귀에 꽂고 음악을 들어도 좋다. 어차피 그동안 아이들 때문에 조용히 혼자 책 읽을 기회도 없었을 테니 말이다.

폭력 때문에 정말 걱정된다면 자신의 직감을 믿어라. 지나치게 폭력적인 반응이나 행위는 전문가의 상담과 치료가 필요하다.

팁: 장난감 트럭이 아이의 머리 위로 날아간다면, 아무 말 말고 그냥 트럭만 치운다. 단, 엄마가 그 자리에 없었다면 트럭이 머리 위로 날아다닐 일도 없었을 것이라는 점만 기억하자.

### 가족회의를 통한 해결

엄마들은 대부분 아이들이 스스로 문제를 해결하지 못할 것이라고 생각한다. 또 기가 센 한 아이가 다른 아이를 묵살하고 자기 뜻대로 결정해버릴까 봐 걱정한다. 아이들 스스로 해결되지 않는 문제는 무엇이든 다음 주 가족회의 안건에 올려 온 가족이 함께 고민하도록 한다. 보통은 가족회의 날이 되기도 전에 문제가 이미 해결되어 있을 것이다. 싸움이 진행되는 동안에는 아이들이 이기고 지는 결과에 온통 몰입해 있기 때문에 해결책에 접근하기 힘들다. 아마 아이들의 머릿속은 이겨야 한다는 것 외에 다른 생각이 들어갈 틈이 없을 것이다. 문제를 가족회의에 가지고 와서 아이들이 차분해지고 긍정적인 기분일 때 해결하면 아이들은 개인적인 승부를 떠나 문제 자체에 집중할 수 있고, 따라서 현실적인 해결책을 찾을 가능성이 높아진다.

좋은 엄마, 경찰관, 평화수호자, 분쟁 조절자의 역할을 자청하다 보면 우리는 의도치 않게,

- 자신의 권위를 높이는 반면 민주적 가정을 이루고 협력을 이끌어내는 데 꼭 필요한 평등한 관계를 손상시킨다.
- 아이들이 자신의 문제에 주인의식을 갖고 스스로 해결하는 법을 배울 기회를 뺏는다.
- 편애를 조장하고, 경쟁을 부추긴다.
- 다양한 희망과 욕구를 지닌 사람들과 잘 지내기 위해 무엇이 필요한지를 실제 관계를 통해 배울 기회를 부정한다.
- 싸움의 관객이 되어 상황을 악화시킨다.

하지만 한 걸음 물러서 싸움에 개입하지 않는다면, 우리 아이들은

- 창의적인 방법으로 서로에게 적응하고 스스로 문제를 해결한다.
- 주고받는 상호작용을 통해 협력이라는 훌륭한 기술을 익힌다.
- 형제자매에 대한 배려와 관심을 키운다.
- 가족 간의 따뜻한 사랑과 포용을 깨닫는다.
- 형제자매들과의 관계를 개선하는 데 적극적으로 나선다.

아이들은 가정에서 협력하는 방법을 배워야 한다. 가정에서 협력할 줄 아는 아이가 학교에서도 잘 지내기 때문이다. 최근 조사에서 협력적인 아이가 경쟁적인 아이보다 더 높은 학업 성취도를 보인다는 흥미로운 결과가 나왔다. 다음 단원에서는 좋은 엄마는 자녀들에게 최고의 교육을 '보장'해야 한다는 매우 민감한 주제에 대해 다루어보고, 여기에 또 어떤 위험한 엄마의 얼굴이 있는지 살펴보자.

# 좋은 엄마,
# 그 뒤에 숨은
# 불편한 진실

이제 겨우 수유와 기저귀 발진 정도는 어느 정도 감 잡았다 싶으면 마음 한구석에서 고개를 내미는 생각, 아니 걱정, 그것은 바로 아이의 교육 문제다. 시간제 어린이집*에 잠깐 들렀다가 다른 엄마들이 하는 얘기를 듣다 보니 다들 이미 뭔가를 시작했다. "루크가 지금 다니는 놀이학교도 마음에 들긴 하지만, 이제는 수준을 높일 때가 되지 않았나 싶어. 알파벳도 다 알고 읽기도 시작했는데, 종이접시에 마카로니나 붙이면서 노는 건 싫증 나나 봐."

알파벳! 읽기! 맙소사… 머릿속이 하얘지면서 혼잣말을 시작한다. "어떻게 하지? 우리 클래어는 아직 그런 거 못하는데. 나도

---

* 필요할 때 잠깐씩 아이를 맡기고, 맡긴 시간만큼 비용을 지불하는 보육기관. 한국에서도 지정된 보육기관을 통해 시간제보육사업을 운영하고 있다.

진작 가르쳤어야 하나? 나는 지금까지 도대체 뭘 한 거야? 우리 애만 뒤처져서 기죽으면 어떡하지? 나도 빨리 뭐라도 가르쳐야겠다."

이제 와서? 이봐요, 어머니, 그동안 뭐하셨나? 벌써 한참 뒤처졌구먼! 임산부라면 다 한다는 태아 뇌 자극도 안 했다고? 세상에, 그걸 진작 했어야지. IQ가 높아진다는데! 특히 모짜르트가 좋다지 아마!

흠… 정말 믿어도 되는 걸까, 아니면 허접한 상술일까? 모짜르트를 들어서 태어날 때부터 머리가 좋다는 아이들이 저만치 앞서 달려갈 때, 내 아이 혼자 평생 뒤처질 위험을 감수할 만큼 지금 나의 판단이 틀리지 않다는 확신이 있는가? 아이의 발달을 촉진할 수 있다면, 아이의 잠재력을 최대한 끌어올릴 수만 있다면, 배에 헤드폰을 꽂든 뭐든 닥치는 대로 해야 하는 것 아닐까? 그렇다고 배에 헤드폰은 좀… 그런데 그거 아픈 건 아니겠지?

자녀교육에서도 속도가 생명인 세상이다. 지금의 육아 문화는 거의 집착에 가깝다 해도 과언이 아니다. 내 아이가 남보다 앞서고, 성공 가도를 달리도록 완벽하게 준비시키는 주체로서 엄마들은 동분서주한다. 준비된 아이는 곧 똑똑한 아이와 동의어다. 공부 잘하는 아이로 키우는 것은 엄마들의 가장 큰 야망이며, 좋은 엄마라면 이루어내야 할 최고의 가치이기도 하다. 다른 엄마들이 경쟁에서 이기기 위해 아이에게 각성제를 먹인다면, 그것이 나의 가치관에 맞든 안 맞든 나도 그렇게 할 수밖에 없다.

슬프지만, 그것이 현실이다.

이제부터 무조건 많은 것을 가르치려고 하는 사교육 문화와 우리 사회 전반을 지배하는 분위기가 어떻게 엄마들로 하여금 그런 문화에 동조하게 만드는지 살펴보겠다. 다수의 분위기에 휩쓸릴 수밖에 없는 엄마들의 걱정은 무엇이고 조기 교육과 학업 경쟁이 좋은 의도를 가진 엄마들에게 어떤 역효과를 가져오는지, 또 어떻게 아이들의 학습 의욕을 꺾는지도 함께 살펴보자. 자녀 학습에 도움을 주기 위해 우리가 해야 할 일과 해서는 안 되는 일도 몇 자 적어보았다.


## 더 똑똑하게, 더 빨리, 더 일찍

온 사회가 사교육 열풍에 들떠 있는 현실에서 나 혼자 그런 문화에 휩쓸리지 않기란 불가능하다. 더 똑똑하게, 더 빨리, 더 일찍 아이들을 조기교육에 노출시키는 것이 유행처럼 번지고 있고, 내가 타건 안 타건 버스는 출발해버릴 것만 같다. 엄마들은 내 아이가 경쟁에서 이길 수만 있다면 아낌없이 지갑을 연다. 관련 업계는 이미 거대한 사교육 시장의 엄청난 성장세에 행복한 비명을 지르고 있다.

베이비 아인슈타인을 비롯한, 유아를 위한 각종 '교육용' 비디오는 매년 수억 달러의 수익을 올리고 있다. 디즈니도 여기에 가세해 신생아부터 취학 무렵 아이들을 지도하고 교육하는 데 필요한 실질적인 정보를 제공하는 교육전문 잡지 〈원더타임(Wondertime)〉*을 창간했다. 교육관련 실용서들도 봇물처럼 쏟아져 나온다. 서점의 자녀교육 부문의 서가에는 온통 "더 똑똑한 아기 갖기(How to Have a Smarter Baby)", "아기의 뇌를 자극하라(Smart Wiring Your Baby's Brain)", "더 영리한 아이로 키우는 법(How to Raise a Brighter Child)", "베이비 마인즈; 아기도 즐거워하는 머리가 좋아지는 게임(Baby Minds: Brain Building Games Your Baby Will Love)" 같은 제목의 책들뿐이다.

실반 러닝, 카플란, 구몬 등이 운영하는 사교육 기관이 쇼핑몰 한쪽에 편의점 생기듯 생겨난다. 매년 탄탄하고 꾸준한 매출 증가세를 보이는 분야이니 왜 안 그렇겠는가. 스콜라스 초이스 등 교육용품 업체들도 집을 유치원처럼 꾸미고 싶어 하는 엄마들의 성화에 못이기는 척, 일반 소비자들에게 매장을 개방했다.

돈 없다는 핑계도 안 통한다. 자녀의 미래가 달린 중요한 일인데, 필요하다면 빚이라도 져야 한다.

---

* 2009년 폐간.

# 조기 교육이 안 좋다고?

그렇다고 전자기기 대신 주판을 튕기고, 아미시 교도*들 처럼 단순한 삶으로 돌아가자고 주장하는 것은 아니다. 오히려 나는 미래의 아이들과 교육에 대한 기대가 아주 크다. 거대한 변화가 임박했다고 생각한다. 기술 분야와 산업 분야가 우리 아이들이 더 이상 틀에 박힌 교육을 받지 않도록 힘을 모으고 있다. 교육 과정 전체가 엄청난 지각변동을 겪을 것이며 거기에는 아이들을 가르치기 위해 엄마들이 어디에 어떻게 시간을 투자해야 하는가에 대한 변화도 포함될 것이다. 정보에 대한 새로운 접근 방식이 등장하면서 정보에 대한 우리의 인식도 달라졌고, 이는 삶의 많은 부분이 변화할 것이라는 의미이기도 하다. 아이들로 하여금 무엇이든 그 자리에서 접할 수 있는 인터넷 세상에 적응하도록 가르치는 일도 그러한 변화에 포함된다.

내가 우려하는 것은 과거의 방식이 사라지는 속도가 너무 느리다는 것이다. 현재의 교육 시스템은 농업사회에 길들여져 있던 대중들을 산업혁명 시대의 제조업 기반 노동력으로 변화시키고자 개발된 구시대의 산물이다. 줄 맞춰 앉아서 기계적으로 암기

---

* 개신교의 종파. 소박하고 단순한 삶을 지향하며 전통적인 방식의 농업 및 축산업에 종사한다. 현대 문명과 과학이 제공하는 편리한 생활을 거부하고 교회와 가족을 중시하며, 아이들은 아미시 공동체학교에서 8학년까지만 교육을 받는다.

하는 교육은 조립라인에 일렬로 서서 위로부터의 지시에 맞춰 작업하는 노동자를 길러내는 데에나 적합한 방식이다.

지금 우리는 정보시대의 세계 경제를 움직일 아이들을 교육하고 있고, 지식은 GNP(국민 총생산)와 직결된다. 인도나 일본의 높은 교육수준과 어마어마한 노동자 인력이 위협적으로 인식되고, 일자리뿐 아니라 몇몇 분야의 산업이 통째로 해외로 옮겨가고 있다. 이 모든 변화들이 지금의 교육 열풍으로 이어졌다. 마치 60년대 우주 경쟁을 연상케 한다. 아이들의 일과에서 체육, 미술, 음악은 사라지고, 학습지, 숙제, 연습문제만 넘쳐난다.

우리의 교육시스템은 아직도 매우 전제적이고, 획일적이며 경쟁을 부추긴다. 이렇게 더욱 경직되고, 더욱 획일적으로 아이들을 가르치려는 교육문화는 경쟁을 부추기고 있다.

미래의 교육개혁에 대해 아무리 말로 떠들어봐야, 우리 아이들은 오늘도 학교에 가야하고, 우리는 아이들이 현 제도 안에서 잘 자라기를 바란다. 어떻게 하면 좋을까? 지금의 일반적인 자녀교육 행태가 아이들의 학습을 저해하고 우리가 미처 깨닫지 못하는 추가 비용과 장기적인 비용을 발생시키고 있다. 그러므로 좋은 엄마라면 자녀들에게 최고의 교육을 보장해야다는 오해를 불식시키고 대안적 관점을 제시해보자.

# 아이를 '몰아붙여야' 좋은 엄마?

학교는 아이들에게 중요한 곳이다. 아이들은 학교에서 처음으로 가정 이외의 사회를 경험한다. 물론 북아메리카 평원에 살던 원주민들이 무엇을 먹었고, 비버들이 어떻게 댐을 만들었는지 같은 쓸데없는 지식을 배우는 곳도 학교다. 하지만 인성 이론과 정신건강 전문가의 관점에서 보면, 학교는 아이들이 장차 노동, 권위, 규칙에 대한 태도를 발전시키기 위해 준비운동을 하는 곳이다.

학교에서 아이들은 또래 집단에서 살아가는 법을 배운다. 25명에서 30명가량의 다른 아이들과 함께 한 교실을 쓰면서 주고받는 경험을 하고, 더 이상 나만 특별한 관심의 대상이 될 수는 없다는 것도 경험으로 배운다. 학교는 또 아이들이 늘어나는 책임을 받아들이고, 새로이 습득한 기술을 스스로 갈고 닦을 수 있는 능력을 함양하는 곳이기도 하다.

학교는 표면적으로는 학업을 연마하는 곳이지만, 나는 그 이면에서 이루어지는 이러한 발달 과정이 학업 자체보다 오히려 더 중요하다고 생각한다.

학습은 그 자체가 자연스러운 과정이다. 흥미를 느끼고, 자극과 격려를 받는다면, 아이들은 반드시 배우게 되어 있다. 아이들이 너무 쉬워서 지루해하지도 않고, 너무 어려워서 포기하지도 않을 만한 최적의 수준을 찾는 것이 관건이다. 아이들은 누구나 저마다 성장에 유리한 분야가 있고 그 분야에서 최고의 학습 성취를 보여준다. 개인마다 유리한 분야가 다르므로 다른 사람과 비교해봐야 소용없다.

뼈다귀를 쫓는 강아지처럼 아이들의 교육을 위해 무엇이든 할 준비가 되어 있는 엄마들에게 나는 늘 한 발짝 물러서고, 한 계단 내려오고, 순리대로 내버려두라고 말한다. 하지만 그들은 잠시도 고삐를 늦추려 하지 않는다. 자녀교육이 최우선이고, 아이들에게 최고의 교육을 제공하는 것이 엄마의 의무라고 생각하기 때문에 일기 대신 써주기 빼고는 뭐든 해줄 준비가 되어 있다.

아이들에게 좋은 것만 해주고 싶어 하는 엄마들의 의도는 결코 나쁜 것이 아니다. 문제는 그들이 근거 없는 믿음에 의해 아이들을 몰아붙인다는 점이다. 좋은 엄마들이 갖는 근거 없는 믿음들은 다음과 같다.

1. 남보다 먼저 시작한 아이가 계속 앞서간다.
2. 세상은 경쟁적인 곳이다. 경쟁적인 아이로 키우지 않으면 다른 경쟁적인 아이에게 뒤떨어진다.
3. 내가 간섭하지 않으면 내 아이는 성공할 수 없다.

왜 이런 믿음들이 근거가 없는지 하나씩 살펴보자.

# 근거 없는 믿음 1.
## 먼저 시작한 아이가 계속 앞서간다?

뇌의 구조와 발달에 대한 지식이 최근 몇십 년간 비약적인 발전을 이룬 것은 사실이다. 문제는 지식이 적용되는 방식이다. 겨우 120명의 유아들을 대상으로 연구한 결과, 흑백의 기하학 무늬에 일찍 노출된 아이들의 시각과 관련된 대뇌피질의 뉴런 활동이 증가했다고 해서 모든 부모들이 피터 래빗 벽지를 당장 뜯어내고 흑백 체스판 같은 벽지로 새로 발라야 할까? 그러다가 그 다음 연구에서 꽃무늬 벽지가 유아 발달에 좋다는 결과가 발표되면 또 새로 도배해야 하나?

'무엇이든 빠를수록 좋다'는 주장을 마치 불변의 진리인 듯 떠받들지만, 이것은 매우 위험한 발상이다. 왜냐하면 아이들에게 자신만의 특기 분야를 개발하도록 용기를 부여하고 기회를 주는 것과, 남들에게 뒤처지지 않게 모자란 부분을 보충하도록 재촉하는 것은 전혀 다르기 때문이다. 이런 식으로 경쟁을 부추기는 것은 아이들에게 지금 상태로는 뭔가 부족한 존재라는 부정적 메시지를 준다.

조기에 학습한 내용은 시간이 지나면서 평준화 효과라는 것을 겪게 된다는 흥미로운 연구 결과가 있다. 어릴 때 남보다 앞섰던 '빠른' 아이들은 자라면서 어릴 때 배운 것들을 잊어버리고, 상대적으로 '늦된' 아이들은 배움의 속도를 높여 빠른 아이들을 따라 잡는다는 것이다. 이것은 우리의 뇌가 직선 형태로 발달하지 않기 때문에 나타나는 현상이다. 뇌의 특정 분야는 폭발적으로 성장하는 반면, 다른 분야는 잠을 자면서 때가 되기를 기다리고 있다. 결국 언제 시작하고, 얼마나 지속하느냐와 무관하게 우리 아이들은 신경의 손상만 없다면 꾸준히 성장발달을 계속해나가고, 결국에는 모두 말하고, 걷고, 변기도 사용하고, 알파벳도 배우고, 읽고, 덧셈도 하며 인간이 가진 놀라운 능력을 모두 갖추게 된다.

부모들은 어디까지가 건강한 아이의 정상적인 발달 범위인지 잘 모르는 경우가 많다. 읽기 능력을 예로 들어보자. 요즘은 유치원 때부터 읽기를 시키라고 한다. 하지만 분포곡선상 끄트머리에 있는 아이라면 2학년을 마칠 때쯤이 되어야 읽기가 가능해질 수도 있다. 그래도 엄연히 정상범위에 속한다.

다니엘라는 아들 네이선을 학업적으로 매우 우수하다고 알려진 유치원에 보냈다. 유치원에서는 읽기 숙제로 다니엘라와 네이선이 함께 읽을 책을 정해 비닐 가방에 담아 집으로 보내준다. 문제는 네이선이 잠시도 가만히 앉아 있으려고 하지 않기 때문에 간단한 숙제도 할 수가 없다는 것이다. 네이선은 책에 몸을 던지거나 책 읽는 도중에 다른 이야기를 하기도 하면서 책에는 관심을 보이지 않았다. 다니엘라는 네이선이 여전히 가장 낮은 레벨의 책을 받아오는 것이 걱정이다.

이런 네이선도 언젠가는 대단한 독서광이 될 수 있다. 읽기를 배우려면 아이들의 뇌가 충분히 준비가 되어야 한다. 읽기를 권장하는 가장 좋은 방법은 엄마 스스로 책을 읽고, 아이와 함께 책을 즐기고, 책과 관련된 긍정적이고 신나는 경험만을 갖도록 하는 것이다. 우리는 인간의 발달 과정에 대해 믿음을 가져야 한다. 불행히도 수많은 좋은 엄마들이 그러하듯, 다니엘라의 걱정은 가능한 일찍, 아이들에게 공부를 시켜야 한다는 통념에서 나온 것이다. 그대로 두면 이런 걱정과 불안으로 인해 다니엘라는 더욱 읽기에 집착하게 될 것이다.

> **학교가 바람직한 교육에 방해가 되어서는 안 된다.** – 마크 트웨인

네이선도 행복하지 않기는 마찬가지다. 아이라고 왜 모르겠는가? 네이선도 다른 아이들이 자기보다 높은 레벨의 책을 읽는다는 것을 충분히 알고 있다. 엄마가 자신 때문에 행복하지 않다는 것도, 엄마를 실망시키고 있다는 것도 알고 있다. 지금은 네이선에게 학습자로서의 자아를 확립해가는 매우 중요한 시기다. 아직 감당할 준비가 되어 있지 않은 과제를 일찍부터 학습해야 한다는 부담은 네이선으로 하여금 학습에 대한 부정적인 태도를 갖거나

자신을 '멍청한' 사람으로 인식하게 함으로써, 앞으로의 학습 전반에 나쁜 영향을 끼친다. 일단 자신의 학습능력에 대한 믿음이 확립되면, 그런 믿음을 바꾸기란 1년쯤 기다렸다가 알파벳이나 숫자 몇 개 가르치는 것보다 훨씬 힘들다. 아이들에게 경쟁적으로 학습을 가속화하도록 강요함으로써 얻을 수 있는 이점 이면에는 이런 현실적인 위험이 도사리고 있는 것이다.

엄마와 함께 책 읽는 시간은 네이선이 하루 중 가장 좋아하는 시간이었지만, 의무적으로 읽어야 하는 데다 엄마가 반복적으로 글자들을 가리키며 읽어보라고 시키는 바람에 이제 네이선은 책 읽기가 어렵고 야단맞을까 봐 무섭다. 책 읽는 즐거움 자체가 모두 사라져버렸다. 그러자 네이선은 책 읽기 숙제를 회피하기 시작했다. 엄마 무릎에 앉아 자꾸 부산스럽게 움직이고, 딴청을 피우며 상황을 벗어나려고 한다. 네이선이 읽기에 관심을 갖도록 하는 것이 엄마의 의도였지만, 의무적으로 읽어야 한다는 부담으로 인해 네이선은 책을 못 읽는 자신은 능력이 모자란 아이라는 열등감을 가지게 되었다. 엄마와 책을 읽을 때마다 자신의 모자란 부분이 드러나는 것 같아서 아예 책 읽기 자체를 피하기로 작정한 것이다. 책 읽기가 절대로 이길 수 없는 경쟁처럼 느껴지는 순간 네이선은 노력을 포기하고 경쟁을 단념한다.

배움의 죽음이다.

## 강한 아이로 키우지 않으면 경쟁에서 뒤처진다

나는 일주일이 멀다 하고 사람들의 이런 망상과 싸운다. 흔히 '경쟁적'이라는 단어에 대해 많이들 오해한다. 부모들은 아이가 경쟁적이어야 한다거나, 경쟁적인 아이가 다른 사람들보다 두각을 나타낸다고 생각한다.

그런데 사실은 경쟁적이지 않은 아이가 학업을 비롯한 모든 분야에서 우수한 결과를 얻을 가능성이 더 높다.

'경쟁적인 아이'라는 말을 정의해보자. 경쟁적인 아이란 자신이 반드시 이겨야 한다고 생각하는 아이다. 이런 아이는 최선을 다해야 한다가 아니라, 무조건 자신이 최고가 되어야 한다는 잘못된 생각을 가지고 있다. 그래서 자신의 에너지와 시간을 주어진 과제가 아니라 자신과 자신의 성과에만 집중한다.

경쟁적인 사람은 결코 실패와 실수를 편안히 받아들이지 못한다. 자신이 최고가 되지 못할까 봐 늘 전전긍긍하다 보니, 결국 실수를 자신의 인간적 가치와 연결 짓는 잘못된 생각을 가지고 지금껏 살아왔을 것이다. 그런 사람은 자신이 잘할 수 있고, 다른 사람을 이길 수 있는 일만 찾아서 한다. 한 사람이 모든 일에서 최고가 될 수는 없는 노릇이니, 그런 태도는 얼마 안 가 선택의 범위를 극도로 제한하게 된다. 결국 빠른 시간 내에 즉각적인 성공을 거둘 수 있는 일만 하며 살게 된다. 자신의 관심사와 동떨어진 분야라도 남보다 잘할 수만 있고, 그래서 안심하고 계속할 수 있는 일이라면 상관없다. 실수나 실패할 위험이 있거나, 남 보기 창피한 결과가 예상되면 무슨 일이든 중단한다.

마흔 살이 되어서 정신을 차려보니 회계사가 되어 있다. 수학을 잘한다는 이유로 선택한 직업이었다. 하지만 그것이 정말 내가 원하던 직업일까? 체육시간마다 창피당한 경험 때문에 운동을 아예 포기했다면, 평생 취미로 운동을 즐길 기회마저 스스로 스스로 박탈해버렸다면, '공 던지는 폼이 우스꽝스럽다'는 한마디에 영원히 스포츠와는 담을 쌓았다면, 이 얼마나 안타까운 일인가!

경쟁적인 인간으로 사는 것은 힘들다. 과도한 경쟁심은 인생의 기회를 막는 장애물이며, 발목을 잡는 걸림돌이다. 누군가가 높이 날아오르기를 진정 바란다면, 그 사람에게 실수하고, 실패를 받아들이고, 배우고, 성장하고, 꿈을 좇을 수 있는 용기를 주어야 한다. 실수 없이는 성장할 수 없다. 실수를 통해 배우고 성장하는 데 익숙해질수록 학업 성취의 가능성도 높아진다.

잠깐 하던 일을 멈추고 생각해보자. 남에게 보이는 결과와 실패를 두려워할 필요가 없었다면 우리는 지금 무엇을 하고 있었을까? 바보 같아 보이는 것쯤 아랑곳하지 않는 스스로를 상상해보자. 남들이 뭐라고 말하건 뭐라고 생각하건 걱정할 필요가 없다

면, 우리는 무한한 자유와 에너지를 배움에 쏟아부을 수 있을 것
이다! 부모 스스로 남의 눈을 의식하지 않는다면 아이의 성적은
그리 걱정할 일이 아닐 것이다.

> 경쟁적인 아이는 늘 경쟁하고 이기려 한다. 용기를 부여받은 아이
> 는 이기든 지든 경쟁할 수 있다. – 루돌프 드라이커스 박사

경쟁적이지 않은 아이들도 경쟁할 수 있다. 이런 아이들은 실
수할지 모른다는 걱정이나 부담감 없이 경쟁한다. 끝까지 포기하
지 않고 정말로 위대한 업적을 이루고 싶다면 많은 실수를 하고
많은 실패를 받아들일 용기를 가져야 한다.

| 학교를 중퇴한 유명인들 |

정규 교육을 받아야만 쓸모 있는 인간이 되어 남에게 공헌할 수 있
을까? 학교교육을 제대로 마치지 않고도 유명해진 사람들은 누가
있는지 알아보자.
- 앨버트 아인슈타인, 제임스 카빌, 토마스 에디슨, 벤자민 프랭클
린, 레이 크로크(맥도날드 창업자), 조지 버나드 쇼, 라이트 형제, 피
터 제닝스, 헨리 포드, 로자 팍스, 존 록펠러, 프랜 레보비츠….

## 근거 없는 믿음 3.
## 내가 간섭하지 않으면 내 아이는 성공할 수 없다

많은 엄마들은 아이가 공부를 잘하게 하려면 눈에 불을 켜고 공부를 시켜야 한다고 생각한다. 아이들은 내버려두면 'B'만 받고도 좋아한다며 걱정들이다. 우선, 어디까지나 내 생각이지만 'B'가 뭐가 어때서? B는 평균 수준이라는 의미이고, 내 아이가 기대 수준에 맞게 공부하고 있다는 뜻이다.

하지만 평균으로는 이제 더 이상 만족할 수 없다. 모든 엄마들은 자신의 아이가 모든 과목에서 언제나 A만 받기를 원한다. 만약 정말로 그렇게 된다면 학교는 분포곡선을 수정하고 기대수준을 높일 것이다. 모든 사람들이 '평균 이상'이 될 수는 없지 않은가? 통계적으로 불가능하다. 모든 사람들이 올 A를 받기를 기대하는 한, 대다수의 학생들은 실제로 그렇지 않은데도 스스로를 수준미달이라고 여기게 된다. 얼마나 우울한 일인가?

우리는 실패할 용기가 있는 비경쟁적인 아이들이 우수하다는 점과, 좌절감이 아이들을 중도에서 포기하게 만든다는 것을 알았다. 엄마들은 아이들의 학업과 성과에 깊이 관여하면서 아이들을 위하는 일이라고 생각하지만 사실 부지불식간에 아이를 좌절하게 만들고, 결국 그 대가를 치르게 된다.

**부모의 개입이 아이를 좌절하게 만드는 경우**

1. 주인의식, 자존감, 스스로의 성취에 대한 만족감을 박탈한다: 티나는 여덟 살 난 딸 노라의 숙제를 도와주는 것이 즐겁다. 아이에게 관심이 많은 좋은 엄마가 된 느낌이다. 학교에서도 엄마들의 참여를 권장하는 분위기이다. 티나는 노라가 가족의 여름휴가에 대해 쓴 창의 글짓기 숙제를 검사한다. 티나는 단순히 대소문자 구분이나 구두점의 실수를 수정해주는 데 그치지 않고, 가족들이 방문한 장소와 글쓴이를 소개하는 부분을 추가로 써넣도록 했다. 엄마는 딸의 숙제가 자기 일인 양 본인이 생각해낸 아이디어로 스크랩북 제작 도구를 사용하고 가족사진을 오려 붙여 마치 가족이 방문했던 바닷가처럼 꾸민 표지도 만들었다. 노라는 숙제를 제출하고 A를 받았다. 좋은 성적을 받아서 기쁘긴 하지만, 노라는 자신의 성과에 대한 만족감을 느낄 수가 없다. 그냥 엄마가 해놓은 숙제를 제출한 것 같은 기분일 뿐, 열심히 노력해서 성공했다는 뿌듯함은 느낄 수 없었다. 뭔가를 했지만 만족감을 얻어낼 수 없다는 점은 의욕을 저하시킨다. 숙제는 서랍 속에서 잊혔다.

2. 아이를 불안하게 만든다: 벤저민은 자신이 똑똑하고 학구적이며, 부모님이 그런 자신을 자랑스러워한다는 점을 잘 알

고 있다. 엄마는 벤저민에게 숙제하라고 잔소리할 필요가 전혀 없다. 벤저민은 책임감이 매우 강한 아이다. 하지만 벤저민은 시험 날만 되면 손톱을 물어뜯고 심한 복통을 느낀다. 학년이 올라갈수록 증상이 심해지는 것 같다. 벤저민은 부모님의 바람대로 우수한 학생이지만, 다음번에는 이번만큼 잘할 수 없을 것 같아 늘 불안하다. 지난번 시험 성적표가 자신의 가치를 의미하는 것만 같다. 다음 성적표를 받을 때까지 벤저민은 늘 불안에 시달리고 안절부절못한다.

3. 늘 높은 기대치를 제시한다: 페트라는 수학 성적을 높이기 위해 정말 열심히 공부했다. 시험에서 스무 문제 가운데 열여섯 문제를 맞고 매우 만족스러워했지만, 시험 결과를 본 부모님은 왜 네 문제나 틀렸는지를 지적했다. 페트라는 아무리 노력해도 부모님의 기대를 만족시킬 자신이 없었다. 열심히 공부해서 지난번보다 좋은 성적을 받아와도 부모님은 축하 대신 늘 모자란 부분에만 집중했다. 페트라는 더 열심히 공부하고 싶은 의욕을 잃었다. 절대로 부모님의 기대만큼 잘할 수 없을 것이라는 생각에 좌절감만 들었고 더 이상 애써 공부하려고 하지 않았다. 그럴 가치가 없는 것 같았기 때문이다.

4. 친구들 간 경쟁을 부추긴다: 학교에 경쟁적인 환경을 조

성하기 위해 우리는 아이들을 서로 대결시킨다. 학생들이 동료의식을 가지고 서로 위하며 보살피는 교실 분위기는 찾아볼 수 없다. 말로는 늘 친구들과 서로 도와야 한다면서 이 주의 최고 학생을 선정한다거나 시험 성적순대로 이름을 게시하는 등의 활동을 통해 경쟁적 환경을 조성한다. 즉 우리 학생들은 서로 협력하는 방법도 함께 노력한 성과를 즐기는 방법도 배우지 못한다. 똑똑한 인재들은 넘쳐나지만, 기업들은 타인과 함께 어울려 지낼 수 있는 사람을 찾기가 너무나 힘들다고 호소한다! 지금 당장 기업들이 원하는 가치는 높은 시험성적보다 협동성인 듯하다.

5. 아이의 반항심을 자극한다: 팀은 늘 학교 성적 때문에 부모님의 꾸지람을 듣는다. 결국 참지 못한 팀은 반항하기로 결심한다. 팀은 숙제를 시키려는 엄마와 힘겨루기를 한다. 처음에는 무슨 숙제가 있는지 숨기고 숙제를 다 했다고 거짓말을 했다. 팀이 숨기면 숨길수록, 엄마는 더욱 관심을 보였다. 엄마는 팀의 가방을 뒤지기도 하고, 선생님의 웹사이트에 들어가 숙제가 무엇이고 시험은 언제인지를 알아내려 했다. 더 이상 엄마를 속일 수 없을 것 같았지만, 팀은 굴복하려 하지 않고 다른 작전을 세웠다. 엄마가 숙제의 제출기한을 알아내더라도 팀을 공부하게 만들 수는 없었다. 그래서

팀은 더 이상 공부하지 않았다. 하하하! 내가 이겼어, 엄마!

## 자녀의 교육에 있어서 엄마의 역할은 무엇인가?

그러면 엄마는 도대체 무엇을 해야할까? 학교에서는 가정과 학교의 공동 노력이 필요하다고 말한다. 내 아이가 공부를 못해서 힘겨워하는데 그냥 나 몰라라 하라고? 그건 아니다.

아이의 학교성적 향상을 위해 엄마가 할 수 있는 일들을 대략적으로 적어보았다.

### 해야 할 일

- 아이가 학교에서 무엇을 배우는지 진지하게 관심을 가진다(아이를 너무 몰아붙이거나 많은 질문으로 괴롭히지 않도록 주의한다).
- 학교 내 활동에 적극 참여함으로써 아이의 학교생활에 관여한다. 아이의 선생님들과 친구들에 대해서도 관심을 갖고 알아본다. 학예회도 보러 가고, 가능하면 1년에 한 번 정도는 직장에 휴가를 내고 현장체험학습에 도우미로 참가해본다.
- 아이를 동반해서 교사와 면담약속을 잡는다. 아이의 연간 학습목표 수립과 달성에 교사, 부모, 아이가 함께 노력한다

는 느낌을 갖도록 한다.

- 엄마가 항상 곁에 있고 무슨 일이건 도와줄 준비가 되어 있지만, 아이가 할 일을 대신해주지는 않는다는 점을 아이에게 알려준다. "모르는 부분이 생기면 엄마가 도와줄게. 하지만 엄마도 할 일이 있으니까 공부하는 내내 옆에 앉아 있을 수는 없어. 질문이 있으면 엄마한테 와서 물어봐." 아이가 숙제하는 동안 아이 옆에 매여 있을 필요는 없다. 아이에게 바짝 붙어 있어봐야 괜한 간섭이 싸움으로 번지게 된다.

- 완벽한 결과를 요구하지 말고, 노력과 향상을 인정한다. "와, 클라리넷 연습 열심히 하더니 보람이 있구나!"

- 실수는 배움의 기회라고 생각한다. "지난번 과제로 받은 점수 때문에 실망했다니 엄마도 기분이 안 좋다. 왜 그랬던 것 같아? 다음 숙제는 어떤 점수를 받고 싶니? 다음번에 점수를 올리려면 뭘 해야 된다고 생각하니? 벌써 계획이 섰구나. 너는 꼭 해낼 거야! 엄마가 도울 일 있으면 알려줘."

- 아이가 원하는 것을 성취하리라는 믿음을 가진다. 단, 아이 스스로 생각한 방식으로, 충분한 시간을 갖고 노력하도록 기다려준다.

## 하지 말아야 할 일

- 아이에게 꼬리표를 붙이지 않는다(가령, 우리 집 척척박사

등). 그것은 아이에게 부담을 가중시키고, 가치를 절하하고, 다른 형제들의 학습의욕을 꺾을 뿐이다.

• 성적을 돈으로 보상하지 않는다(보상은 동기를 약화시킨다는 점이 이미 증명되었다).

• 엄마의 교내 활동 참여가 아이에게 부정적인 효과를 갖지 않도록 한다. 아이 앞에서 학교, 교사, 교육제도에 대해 나쁘게 말하면 아이는 엄마의 태도를 답습한다.

• 아이가 학교에서 해야 할 일들을 일일이 알려주는 알리미 서비스를 자청하지 않는다.

• 아이의 숙제를 미리 고쳐주지 않는다. 미리 어른이 수정해 준 숙제를 내면 모든 학생들이 만점을 받을 것이다. 그럴 거면 시험도 대신 봐주든가.

• A를 받을 때마다 지나치게 흥분하지 말것. 그런 행동은 아이에게 B를 받으면 안 된다는 메시지를 주는 것이다. 그냥 성적에 대해 아이 스스로 어떻게 생각하는지 물어보고 들어주고, 아이와 함께 기뻐해준다!

• 직접 아이를 가르치겠다고 나서지 않는다. 보충수업이 필요하면 선생님과 상담한다.

## 최고의 교육, 그 뒤에 숨은 불편한 진실

많은 엄마들은 자신의 지나친 개입이 얼마나 처절한 결과를 가지고 오는지 이해하면서도, '모든 것은 아이의 행복을 위해서'라는 잘못된 믿음을 쉽게 버리지 못한다. 왜 그럴까? 거기에는 엄마들이 결코 인정하고 싶지 않은 불편한 진실이 숨어 있기 때문이다. 최고의 교육을 시켜야 한다는 오해는 본질적으로 계급적인 인식에 기인한다. 싫겠지만 인정하자. 이런 맥락에서 '아이들의 행복을 위해서'라는 말에서 행복이란 좋은 교육을 받고, 좋은 직업을 갖고, 높은 연봉과 특권을 갖고, 중상류층의 안락한 삶을 누리는 것을 말한다.

아는지 모르겠지만, 앞서 소개한 학교에서 쫓겨난 유명인들의 명단에 올라온 사람들 중 일부는 어떤 부분에서는 악명을 떨치기도 했다. 그런가 하면 '명성'이라고는 가족이나 동네 사람들에게 알려진 게 전부인 중퇴자들도 있다.

| 전혀 안 유명한 중퇴자들 |

- 로버트(최종 학력 중3): 잔디 관리 사업을 운영 중인 두 아이의 아빠, 지역사회의 소방 자원봉사단. 취미는 작업실에서 땜질하기.
- 크리스틴(최종 학력 고1): 노인들을 위한 도서관과 지역 이동도

로버트, 크리스틴, 아니타, 이 세 사람도 모두 누군가의 아들딸이다. 학교에서 높은 성적을 받지는 못했지만 사람들에게 감동을 주는 아름다운 삶을 행복하고 보람차게 살아간다. 믿거나 말거나, 우수한 학업성적이 행복의 전제조건은 아니다. 그러니 좋은 성적표가 마치 더 나은 인생을 위한 보증수표라도 되는 듯 굴지 말자. 행복은 사랑, 포용, 소속감을 느끼며 함께 살아갈 때 얻을 수 있다. 정말로 우리가 원하는 것이 아이들의 행복이라면 좋은 성적을 내라고 압박할 것이 아니라 다른 사람에게 도움이 되는 삶을 살도록 용기를 주어야 한다.

## 아이들을 격려하는 법

식물이 자라는 데 햇빛과 물이 필요하듯, 아이들에게도 격려가 필요하다. – 루돌프 드라이커스 박사 자녀교육에서 가장 중요한 요소는 격려다. 격려의 핵심은 아이의 자신감을 높여주고, 앞으로의 모습뿐 아니라 지금 모습 그대로 충분히 훌륭하다고 말해주는 것이다.

가정, 학교, 사회에서 너무나 많은 아이들이 빈번하게 좌절감을 경험하고, 정작 격려가 별로 필요치 않은 곳에 격려가 집중된다. 부모, 교사를 비롯해 아이들과 가까운 곳에 있는 모든 어른들이 (아이들을 대할 때 뿐 아니라 모든 인간관계에서) 늘 기억해줬으면 하는 점들을 몇 가지 적어보았다.

1. 용기를 꺾는 언행을 피할 것: 인간은 누구나 열등감을 경험하지만, 능력을 최대한 발휘하기 위해서는 열등감을 극복해야 한다.

2. 완벽이 아니라 더 나아지는 것을 목표로 노력할 것: 어른도 똑같다!

3. 노력을 인정할 것: 결과보다 얼마나 최선을 다해 노력했느냐가 중요하다.

4. 행위와 행위자를 구별할 것: 나쁜 것은 행동이지 아이가 아니다.

5. 믿음을 보일 것: 진심이 담겨야 하므로, 우선 아이를 믿는 연습이 먼저다.

6. 실수를 실패와 혼동하지 말 것: 실패는 오점이 아니다. 실

패는 대개 미숙함을 의미한다. 성공 여부가 인간의 가치를 결정하는 것은 아니다.

7. 실패와 패배가 남다른 노력으로 이어지기 위해서는, 결국에는 성공하리라는 희망이 남아있어야만 한다. 깊은 좌절을 맛보고 성공하리라는 희망을 모조리 잃어버린 아이에게 노력을 기대해서는 안 된다.

8. 진정한 행복은 자신에 대한 만족에서 온다. 어린이들은 자신을 보살피는 법을 배워야 한다. 아이를 '특별하게' 취급하지 말고 집단의 일원으로 융화되도록 한다. '특별하게' 취급을 받으며 자란 아이는 지나친 욕심을 키우게 된다. 욕심이 과한 아이가 성공하지 못하면, '최고가 될 수 없다면, 최악이라도'라는 자신만의 이상한 논리를 키우게 된다. 그보다 더 심해질 경우 아예 모든 것을 포기해버릴 수도 있다.

9. 경쟁심을 부추기는 것은 격려가 아니다. 이기고 싶다는 바람 때문에 더 열심히 노력할지는 모르지만, 기여나 협력이 아니라 승리 자체를 목표로 하게 된다. 경쟁심이 덜 할수록, 경쟁을 잘 이겨낼 수 있다.

10. 칭찬은 격려가 아니다: 어떤 아이들에게는 칭찬이 격려의 효과를 낼 수도 있다. 하지만 칭찬은 종종 용기를 꺾고 불안과 공포를 야기한다. 어떤 아이들은 칭찬에 의존하게 되고, 시간이 흐를수록 더 많은 칭찬을 요구한다. 성공적인 결

과에만 치중한 특별한 칭찬을 받게 되면 아이는 하여금 '다시는 이만큼 못할 것 같다'는 불안감을 느낄지도 모른다.

11. 완벽하지 않아도 괜찮다는 용기를 줄 것: 우리는 모두 실수를 의연하게 받아들이는 법을 배우고, 실수를 배움의 기회로 삼아야 한다.

12. 이미 책임을 지고 있는 사람에게만 책임감과 중요성을 부여하지 말 것: 용기를 잃어버린 아이에게 책임질 기회를 줌으로써 협력의 가치를 일깨울 수 있다.

• 출처: 북미 아들러심리학회(NASAP) 뉴스레터의 자료실에 올라왔던 저자의 할머니 이디스 A. 듀이 여사의 글 "어떻게 아이를 격려할 것인가How We Can Encourage Children"의 일부를 본서의 취지에 맞게 수정했다.

이 원칙들을 일상의 인간관계에 적용할 수 있다면, 절망으로 힘들어하는 사람들에게 용기를 줄 수 있을 것이다.

| 용기가 꺾이면 | 용기를 부여받으면 |
| --- | --- |
| "나는 … 할 수 없어." | "나는 … 할 수 있어." |
| 다른 사람들이 보여주는 관심에서 동기를 얻는다. | 자신에게서 동기를 찾는다. |
| 다른 사람을 힘으로 움직이려 한다. | 협력한다. |
| 자기중심적: 내가 여기서 무엇을 얻을 것인가 | 과제 중심적: 필요한 일이 무엇인가 |
| 겉보기 | 진정성 |
| 완벽주의, 경직성 | 모험과 실수를 받아들일 용기 |

| 닫힌 마음 | 열린 마음 |
| --- | --- |
| 어려움에 직면하면 뒷걸음질 친다. | 앞으로 나아가고 성장한다. |
| 남을 탓하고 변명하면서 책임을 회피한다. | 나서서 책임진다. |
| 자신감 결여, 열등감 | 자신감, 용기 |
| 자신을 가치 없게 여김. | 스스로를 존중함. |

• 출처: "사람의 마음을 움직이기: 용기를 주는 사람이 되는 법Tuning People on; How to be an Encouraging Person" 루이스 E. 로조니, 2000(InSync Press)에서 수정 발췌했다.

## 격려는 칭찬이 아니다

사람들은 종종 격려와 칭찬을 혼동한다. 칭찬은 매우 어렵다. 칭찬은 말을 통한 보상이다. 위로부터 지배하고, 보상과 징벌로 하층계급을 통제하던 전제체제의 산물이기도 하다. 칭찬이라는 보상은 과제가 성공적으로 완수되고, 보상을 받아 합당한 결과를 얻었다고 인정될 때에만 주어진다.

반면 격려는 완벽이나 완성도에 대한 판단은 배제하고 노력 여부에만 집중한다. 격려는 노력하는 사람에게 가치를 부여한다. 끈기 있게 매달려서 얼마나 진전을 이루어냈느냐를 평가한다. 배우기 위해서는 실수를 경험해야 한다. 그러므로 기꺼이 버텨내고, 노력하고, 시도하고, 많이 실수하고, 앞을 향해 발을 내딛는 모든 사람들에게 격려를 보내자. 충분히 주목받고 인정받아 마땅한 사람들이다.

## 용기를 주는 특별한 말들

**포용하는 말**

- 네가 상황에 대처하는 방식이 마음에 들어.
- 네가 문제를 해결하는 방식이 좋구나.
- 네가 즐겁게 배우는 것을 보니 흐뭇하다.
- 네가 좋아하니 나도 기쁘구나.
- 지금의 결과가 만족스럽지 않다면, 앞으로 어떻게 하면 네 마음에 드는 결과를 얻을 수 있을까?
- 지금 하고 있는 일이 즐거워 보여.
- 그 일에 대해 어떤 기분이 드니?

**믿음을 보여주는 말**

- 내가 아는 너는 틀림없이 잘할 거야.
- 넌 꼭 해낼 거야.
- 네 판단을 믿어.
- 쉽지 않겠지만 넌 반드시 해결하고 말거야.
- 넌 반드시 해답을 찾을 거야.

**기여와 역할에 대해 감사하는 말**

- 고마워, 많은 도움이 됐어.

- _________해주다니, 정말 사려가 깊구나.
- 고마워. _________해준 덕분에 내가 할 일이 훨씬 수월해
졌어.
- _________하는 데 너의 도움이 필요해.
- 가족 전체를 대상으로: "오늘 정말 즐거웠어. 모두 고마워."
- _________에 재능이 있구나. 가족을 위해서 실력발휘를
해주지 않을래?

**성장과 진전을 인정하는 말**

- 정말 열심히 노력했구나.
- 오랜 시간 고민한 흔적이 보여.
- 점점 눈에 띄게 좋아지고 있어.
- 많이 좋아졌는데! (구체적으로 어떻게 좋아졌는지 이야기해준
다.)
- _________ 부분이 더 좋아지고 있어(구체적으로).
- 너는 잘 못 느끼겠지만, 벌써 이만큼이나 해냈잖아!

• 출처: 북미 아들러심리학회(NASAP) 뉴스레터의 자료실.

오늘날 좋은 엄마들은 아이들을 많은 학습기회에 노출시키는
것이 당연시되는 분위기 속에서, 지금으로는 부족하니 뭔가 더

해야 한다는 압박에 시달린다. 좋은 엄마가 되기 위해 우리는 아이들의 잠재력을 최대화할 수 있는 것이면 무엇이든 해야 한다. 그냥 시간의 자연스러운 흐름에 맞게 아이들이 자라기를 기다리다가는 나태한 엄마가 되어버린다. 엄마들은 아이들이 뒤떨어질까 봐 걱정한다. 특히 엄마가 좋은 교육환경을 제공하지 않아 아이가 뒤쳐질까 봐 크게 염려한다. 좋은 엄마들은 아이가 학업성적에서 누구나 자랑스러워할 수 있는 성과를 내도록 하는 것이 자신의 의무라고 생각한다. 누구네 집 아이가 공부 잘한다는 칭찬은 그 집 엄마에게는 최고의 명예이다.

이제 막 피어나기 시작하는 아이들의 지적능력을 계발하기 위해 엄마들은 못할 것이 없으며, 우수한 성적을 보장하기 위해 아이들을 다그친다. 새로운 지식 하나하나에 신나 하는 총명한 아이로 기르는 것이 우리의 목표임에도, 우리는 어느새 잘못을 지적하고, 압박하고, 마치 학업 성적이 그 아이의 가치를 결정하는 듯 한 메시지를 아이에게 보내고 아이의 의욕을 꺾는 상황을 조성한다. 의욕을 상실하는 것이야말로 배움의 가장 큰 적인데도 말이다.

아이에게 용기와 자신감을 심어주는 부모는 멀리 내다본다. 모든 인간은 성장을 원하도록 타고났다는 믿음을 가져야 하지만, 그 성장이 반드시 매끄러운 직선 형태로 이루어지는 것은 아니며, 변화를 즉시 알아채지 못할 수도 있다는 점을 이해해야 한다.

아이에게 자신의 가치에 대해 어떤 것에도 흔들리지 않고, 어떤 실패에도 좌절하지 않는 강한 믿음을 갖도록 용기를 줄 수만 있다면, 앞으로의 인생을 당당하게 살아갈 수 있고 어떤 두려움도 없이 인생을 즐길 수 있는 토대가 이미 마련된 것이다.

여덟 번째
가면

# 엄마에게 필요한
# 놀이의 기술

이 마지막 오해는 특히 교묘하게 사람들의 마음을 홀린다. 재미있고 느긋하게 자녀를 키우자는데 뭐가 문제냐고 생각할 수 있기 때문이다. 사실 애초에 이 책을 고른 것도 완벽한 엄마가 되겠다는 집착을 버리고, 재밌고, 즐겁고, 행복하게 아이를 키우고 싶다는 바람에서였을 것이다. 아마도 이 책을 펼치기 전 누군가는 아이가 잘 '통제'되지 않아서, 또 누군가는 아이들 간의 충돌을 해결할 더 좋은 방법을 찾느라 고민하고 있었을 것이다. 그리고 아마 거기까지는 어느 정도 자신의 부족한 점을 인정했을 것이다. 하지만 지금 딸아이의 얼굴에 고양이 수염을 그려 주면서 짓고 있는 미소는 거짓이고, 가면 뒤에는 잔뜩 찌푸린 진짜 얼굴이 숨어 있다고 솔직하게 인정할 만큼 용감한 엄마가 있을까? "아이와 놀아주는 것이 즐겁지 않다면, 애초에 엄마가 되지 말았어야지!"

그렇지 않다.

많은 사람들은 이 마지막 허상에 완전히 홀딱 넘어가 어마어마한 대가를 지불한다. 여기서 내가 말하는 '대가'란, 말 그대로 정말 돈이 나간다는 뜻이다. 지금 당장 신용카드 명세서를 확인해보면 알 수 있다. 하지만 즐거움을 위해 월 20퍼센트의 이자를 감수해야 할 이유가 정말 있을까? 이제 즐겁고 웃음이 넘치는 가정을 만들어야 한다는 과도한 의무감이 얼마나 터무니없는 것인지 살펴보고, 행복하고 서로 밀착된 가족관계를 대안으로 제시하면서 좋은 엄마의 허상을 파헤치는 우리 프로젝트의 대미를 장식해보자.

## 다 즐겁고 재미있게 살자고 하는 일인데

우리는 재미있고 즐겁게 아이를 키워야 한다는 사회적 기대와 압박에 대해 평소에는 잘 인식하지 못한다. 하지만 그런 기대에서 조금이라도 벗어나는 시도를 해보면 사회적 통념의 무시무시한 위력을 실감하게 된다.

- 나만 재미없는 엄마가 되어보기: 이 세상에 온통 창의적 아이디어로 번뜩이는 외향적인 사람들만 사는 것은 아닐 것이다. 그런데 옆집 아이 엄마가 수백 달러를 들여 핼러윈 장

식을 했다. 일주일 동안 밤을 꼬박 새가며 나무에 솜으로 만든 시체들을 매달고, 드라이아이스를 장식해 집을 꾸몄다. 반면 우리 집에는 겨우 호박 장식 하나에 창문에 스텐실로 그린 마녀가 고작이라면, 내 아이들이 옆집으로 이사 가고 싶어 할 지경이라는 것을 나도 모를 리가 없다.

• 아이들과 놀아주는 것이 늘 즐겁지만은 않다고 인정하기: 거실에서 목마를 태워달라는 아이들에게, 같이 썰매를 타자는 아이들에게 싫다고 말하는 자신이 딱하고 한심하게 느껴진다.

• 남들만큼 돈 쓰지 않기: 온 가족이 TV 한 대로 같이 보고, 케이블TV는 기본서비스만 가입되어 있다면 당신은 현대판 자린고비. 만약 집에 십대 자녀가 있다면, 자린고비 겸 천하의 몹쓸 악당.

## 엄마는 놀이친구

옛날에는 엄마가 아이들의 등을 떠밀며 제발 밖에 나가서 솔방울이라도 주우며 놀라고 쫓아내던 시절이 있었다. 집안에 할 일이 산더미 같은데 아이들까지 얼쩡대면 말도 못하게 성가시기 때문에 좀 나가서 뛰어놀라며 밖으로 몰아냈던 것이다.

하지만 상황이 달라졌다. 우리는 아이들을 위해 온갖 엄마표 놀 거리를 제공한다. 엄마는 스물네 시간 아이들과 놀아주고 함께 있어주는 친구가 되기를 자청한다. 늘 유쾌하고 활달한 놀이친구 엄마는 레고 블록들이 흩어져 있는 방바닥에 앉아 하루 종일 즐겁게 아이와 놀아준다. 맥가이버 수준의 손재주로 계란 판을 오려 애벌레도 만들어주고, 커피필터를 이어 붙여 나비도 만들어 준다.

아이의 입에서 "심심해.""놀아줘!" 같은 말이 나오기가 무섭게 놀이친구 엄마가 달려와, 잠깐 동안 혼자 내버려두었다고 투정부리며 흘린 눈물이 순식간에 쏙 들어가도록 놀아준다.

하지만 네 살짜리와 잠시도 떨어져 있지 못하는 단짝이 된 엄마는 과연 즐겁기만 할까? 하루 여섯 시간 동안 인형놀이하려고 경영학 석사학위를 취득했던가? 엄마들도 즐거워야 한다. 그런데 지금 즐거운가? 권장 연령 5세에서 7세라는 문구가 적힌 게임을 하면서 지루함을 느끼는 것은 어쩌면 당연한 일이다.

아침 먹고 나서부터 줄곧 공주놀이 하자고 졸라대는 아이에게 벌써 다섯 번째 "안 돼."라고 말하면서 우리는 여전히 스스로를 형편없는 엄마라고 생각한다. '플라스틱 티아라를 쓴 가짜 공주님이 되어 불을 뿜는 용이 잡아가지 못하게 소파 뒤에 숨어 있는' 엄마 역할을 해주지 않는다고 몹쓸 엄마는 아니지 않을까? 하지만 지금의 세대는 그렇게 생각지 않는 것 같다.

우리 머릿속의 좋은 엄마는 술래잡기의 술래가 되어주고, 지칠 줄 모르고 줄넘기를 하며, 흙바닥에 앉아 양동이에 돌멩이를 열심히 채우는 엄마다. 아무래도 한쪽 구석에 앉아 커피를 마시며 잡지나 훑어보는 것은 직무태만 같다. 아이가 "엄마, 봤지? 봤지?" 하고 외칠 때, 평균대 위를 떨어지지 않고 끝까지 걸어간 아이의 자랑스러운 모습을 놓쳤음을 깨닫고, 아이에게 집중하지 않았다는 사실에 미안한 마음까지 든다!

물론 모든 엄마가 놀이친구 엄마는 아니다. 어떤 엄마들은 아이를 재미있게 해주려고 너무 애쓰지 않겠다고 일찌감치 마음을 먹기도 하겠지만, 아이가 당연히 누렸어야 할 재미를 보상하기 위해 지갑을 열지도 모른다! 대부분의 가정이 맞벌이이므로(게다가 엄마들의 수입도 결코 만만치 않으므로) 남부럽지 않은 차림새로 여유롭게 돈을 쓰는 소비 집단에 합류한 자신의 모습 우쭐해할지도 모른다. 우리는 돈 쓰기를 좋아한다. 특히 아이에게 돈 쓰는 것은 더 좋아한다. 거짓말이 아니라, 정말 아이 하나로는 부족할 정도로 세상에는 재미있는 것들이 너무나 많다.

곰 인형 만들기 체험을 하고 열대우림 테마 카페(움직이는 실물 크기 코끼리를 보고 아이가 좋아서 까르르 넘어갈지, 정말 무서워서 비명을 지를지는 알 수 없지만)에서 점심식사를 한다. 실내 놀이터도 있고, 찰흙페인팅 체험도 할 수 있다. 이도 저도 아니라면 그냥 영화를 봐도 된다. 극장에 한 시간 정도 미리 가서, 영화 시작 전에 주변 놀이시설에서 놀다가 들어갈 수도 있다. 지금의 아이들은 신나고 즐거운 경험들로 가득한 하루하루를 보내고 있다.

섀넌은 새로 나온 물총에 눈이 갔다. 사정거리 15미터의 펌프식 슈퍼소커 CPS1200. 큼직하고 소리도 난다. 아들 녀석들이 좋아서 팔짝팔짝 뛰겠지! 가뜩이나 출장 중인 아빠를 보고 싶어 하는 아이들이 안쓰러웠는데, 게다가 세일이라니! 섀넌은 물총 두 개를 카트에 담았다. 새 장난감을 사주면 몇 시간이고 밖에 나가 노느라 정신이 없을 테고, 그러면 싸우거나 엄마를 성가시게 하는 일도 줄어들겠지. 이번 주 내내 아빠 없이 혼자 아이들을 감당해야 하는데, 이 정도면 투자 가치는 충분해!

꽤 많은 엄마들이 섀넌처럼 생각한다. 새 장난감은 아이들을 행복하게 해주고, 심심할 겨를이 없도록 즐거움을 준다. 솔직히 아이들이 새 장난감을 받은 만큼 우리를 더 사랑할지도 모른다는 생각을 다들 하지 않는가? 나쁠 것 없다. 꼭 생일이나 특별한 날에만 선물을 주라는 법도 없고, 여유가 있는데 왜 망설이겠는가? 거의 일주일이 멀다 하고 새 장난감이 집으로 배달되어 온다. 장난감은 계속 새 걸로 바꿔줘야 하는 어린이용 소모품에 불과하다. 마치 기저귀나 우유를 사는 것처럼, 퇴근길에 마트에 들러 장난감을 사들고 귀가하는 것이 흔한 일상이 되어버렸다. 장난감 산업은 연간 2천 2백억 달러 규모의 거대시장을 형성한다. 249달러만 주면 플라스틱 조립완구를 살 수 있는데 뭣 하러 흐물흐물한 침대시트로 집짓기 놀이를 하겠는가? 슬링키*가 엉켰네? 괜찮아 주말에 새로 사줄게.

하지만 제이크가 슬링키를 함부로 다룬다면? 조심성 없이 마구 휘두르고, 자신의 물건을 아낄 줄 모르고, "뭐 어때, 엄마가 주말에 또 사주겠지."라는 식의 태도를 보인다면(물론 그게 사실이지만), 엄마는 슬슬 부아가 치밀기 시작한다. "너는 정말 고마워할 줄 모르는구나." "물건을 아낄 줄 알아야지!"라는 엄마의 목소리가 귓가에 들리는 것 같다.

우리는 아이들이 버릇없이 클까 봐 늘 걱정이다. 그래서 아이들이 부모가 사주는 물건들을 얼마나 소중히 생각하고 감사하는지를 중요하게 생각한다. 감사하는 마음은 어떻게 해서든 지켜야만 하는 소중한 가치다. 그래서 우리는 어떻게 하는가? 소중히 생각하는 가치가 있을 때 늘 그렇듯 과민해진다. 어떤 것이든 정말 중요하게 생각하는 가치(감사하는 마음, 예의바른 태도, 사교성, 근면성실)가 잘 지켜지는지 엄마들은 눈에 불을 켜고 지켜본다. 아이의 행동에서 감사하는 태도가 엿보이지 않는다 싶으면, 세세한 잘못까지 고치겠다고 무섭게 덤벼든다. 하지만 결코 세세한 잘못을 지적하는 데 그치지 않고, 철퇴를 휘두르고 만다.

---

* 애니메이션 〈토이 스토리〉에 등장하는, 몸통 부분이 금속 스프링으로 만들어진 강아지 인형.

이것은 과민반응이다. 지나치게 세세한 부분까지 아이를 지켜보다가, 너무 성급하게 나서서, 너무 가혹하게 반응하고서 우리는 마치 엄마로서 할 일을 훌륭히 해냈다는 듯 뿌듯해한다. 하지만 그렇게 함으로써 우리는 아이들에게 어떻게 하면 엄마를 자극할 수 있는지를 가르쳐 주는 셈이다. 엄마를 화나게 하고 싶어? 엄마가 사준 장난감을 함부로 다루거나 엄마가 뭘 주든 별로 고마워하지 않는 것처럼 행동한 다음 슬쩍 물러서서 엄마가 폭발하는 걸 지켜보면 돼! 결국 아이러니하게도 아이가 불량한 태도를 갖게 될까 봐 가장 조바심 내는 부모들이 도리어 불량한 태도를 부추기는 결과가 되고 만다. 우리는 이미 통제하려고만 하는 엄마가 결국 통제할 수 없는 아이를 만들고, 싸움이라면 질색을 하는 엄마의 자녀들이 서로 다투게 되는 과정을 살펴보았다. 모두 우리의 과민한 반응이 오히려 아이들을 부추기기 때문이다.

예전 어머니들이 그랬듯, 우리도 아이들이 집안에서 빈둥대는 모습을 보기 싫어한다. 예전 엄마들처럼 집안을 어지를까 봐서라기 보다는 아이들이 게을러지는 것이 싫어서다. 하지만 그렇다고 아이들을 집 밖으로 몰아내지는 않는다. 대신 아이들을 재미있고 신나는 (그러면서 학습에 도움이 되는) 강좌에 집어넣는다. 수영, 태권도, 미술, 축구, 스케이트, 승마, 무용 등등. 거의 매일 저녁 아이들은 뭔가를 배우러 간다.

그 결과 아무것도 안 하고 빈둥거릴 틈이 아예 없다. 심지어 배우러 가는 도중에 심심할까 봐 차량용 DVD로 영화까지 틀어준다. 최근에는 마트에서 장을 볼 때도 카트에 장착된 기기로 영화를 볼 수 있다. 아이가 화면에 넋을 빼앗긴 동안, 엄마는 평균 20분 더 쇼핑을 한다나! 소매 업계의 입장에서는 엄청난 경제적 효과다. 휴대용 게임기, MP3 플레이어, 휴대폰용 게임 등 온갖 종류의 휴대 기기들 덕분에 아이들은 이제 한 순간도 심심해할 필요가 없다. 식당에서 말썽을 피우거나 예배 시간이 소란스러워질 염려도 없다. 조그만 휴대기기 하나만 있으면 그 아무리 조용한 장소나, 아이가 평소 지루해하던 곳에 가서도 아이는 있는 듯 없는 듯 얌전히 시간을 보낸다.

## 즐거움에 숨겨진 비용

재밌게 놀고, 돈을 쓰고, 아이들에게 즐거운 시간을 마련해주는 것은 그 자체로 전혀 문제될 것이 없다. 문제는 지금까지 우리가 하나씩 극복해온 '우상화된 좋은 엄마'의 다른 이미지들과 마찬가지로, 엄마들은 모두 한 가지 잘못된 생각을 공유하고 있고, 그 잘못된 생각을 너무나 무모하게 현실로 옮기고 있다는 점이다.

이제 좋은 엄마의 마지막 허상을 부수기 위해, 아이들을 재미있고 신나게 키우겠다는 엄마들의 의도가 현대의 조급한 자녀교육 방식과 맞물려 우리에게 어떤 비용을 치르게 하는지 함께 알아보자.

### 지루함의 가치 – 아이들에게 심심함을 허하라!

나는 아이들이 되도록 지루함을 경험하고 그 미덕을 깨우쳐야 한다고 생각한다. 아이들이 지루할 틈이 없기 때문에 나는 이런 이메일을 받곤 한다.

앨리슨: 세 살 반이 된 아이가 잠시도 엄마와 떨어져 있으려고 하지 않고 계속 놀아달라고만 해서 아무것도 할 수가 없어요. 놀아주지 않으면 애한테 미안하지만, 그렇다고 아이한테만 매달려 있으려니 너무 지치네요. 언제부터 아이를 혼자 놀게 해도 괜찮은 걸까요?

매우 흔한 질문이다. 언제부터 괜찮으냐는 질문에 대한 내 대답은 태어난 날부터! 늘 곁에서 놀이친구가 되어주는 엄마가 있는 아이는 엄마가 앞으로도 계속해서 놀아줄 것이라고 기대한다. 왜 안 그러겠는가? 놀이친구 엄마는 아이가 아는 전부이고, 태어나서부터 죽 엄마와 함께 놀았는데. 이런 아이들은 요구가 많고 의존적이다. 간단히 말해, 과잉육아와 지나치게 응석을 받아주고 뭐든 대신해준 결과다.

아이에게 늘 너무 많은 것을 해주는 엄마들은 아이가 혼자 노는 법을 배울 수 있는 기회를 의도치 않게 박탈한다. 아이들은 엄마가 늘 곁에 있어줄 수 없다는 점과 행복은 자기 힘으로 얻는 것임을 깨달아야 한다. 재미있는 일을 찾아 즐기는 것은 아이들의 몫이다. 그러므로 혼자서 즐기는 방법을 배워야 하는데 배우기 위해서는 연습이 필요하다.

별 일 아닌 것처럼 들릴 수 있지만 사실 이 점은 매우 중요하다. 아이들은 지루하고 심심한 시간을 보내면서 창의력과 문제해결 능력을 키운다. 창의력과 문제해결 능력이야말로 우리가 아이들에게 키워주고 싶은 자질이 아닐까? 그러기 위해서 우리는 한걸음 물러서야 하고 느리게 접근해야 한다. 아이들의 "심심해 죽겠어어어어!" "놀아줘어어어어!"라는 절규에 굴복해 같이 놀아줌으로써 다음번에도 떼쓰면 해결된다는 메시지를 주거나 그냥 DVD를 틀어준다면 (아무리 하루에 한 시간만 보여줄 거라고 다짐을 해도) 당장의 미봉책은 되겠지만, 단기적인 해결책에 지나지 않는다.

하지만 그냥 물러나서 기다리고, 기다리고, 기다리고, 기다리다 보면 지루해 못 견딜 지경이 되었을 때, 그래서 아이들의 절규가 최고조에 달했을 때, 아이들의 창의력에 불이 붙는다! 내 남편 켄이 딸들에게 늘 하는 말을 빌려보자. "심심하니? 잘됐다! 심심할 때 좋은 생각이 떠오르는 법이지."

조슈아는 차 뒷좌석에 혼자 앉아 있다. 심심하고 딱히 할 일도 없다. 재잘대기도 하고, 살짝 불평도 하면서 10분이 지났다. 조슈아는 머리를 좌석 등받이에 대면 뒤창 유리로 밖이 보인다는 사실을 깨닫는다. 머리 위로 교통 표지판들이 휙휙 지나간다! 표지판들은 느닷없이 나타났다 사라진다. 매번 예기치 못한 순간에 표지판이 나타난다. 이제까지 한 번도 이렇게 여유롭게 세상을 바라본 적이 없었다. 또 10분이 지났다. 조슈아는 살짝 변화를 시도해본다. 다음번에 나타나는 것이 표지판일지 전깃줄일지 미리 예상해보는 것이다. 마침내 조슈아는 전깃줄이 일정한 간격으로 나타난다는 것을 깨닫고 각 전깃줄 사이의 거리를 측정할 수 있을지도 모른다는 데 생각이 미쳤다. 그래서 전깃줄이 한 번 나타난 후 다음 번 전깃줄이 보일 때까지 숫자를 세기 시작한다.

조슈아는 시간을 때워야 하고, 본인도 그것을 알고 있다. 그래서 이리저리 방법을 궁리하고, 그런 과정에서 그의 뇌가 자극을 받아 창의적인 사고를 하게 된다. 조슈아는 집중하고 몰입하고 생각하고 마침내 의문을 품는다. 이 모든 과정은 '지루함'이라는 지극히 행복한 상태에서부터 출발한다.

놀이는 아이들에게 매우 중요하다. 하지만 형식에 구애받지 않는 자유로운 놀이는, 요사이 많은 부모들이 아이들에게 해주는 것처럼 일정한 틀에 짜인 채 다른 사람이 일방적으로 제공해주는 즐거움과는 다르다.

틀에 박히지 않은 자유로운 놀이를 통해 아이들은 새로운 것을 배운다. 놀이는 어린 아이들에게는 '일'이다. 별다른 지시 없이 자유롭게 창조하고 탐험하도록 내버려두면 아이들은 정말로 창조하고 탐험한다. 소파 쿠션이 요새가 될 수 있다는 것도 창의적인 발견이다. 아이들은 사물을 새로운 시각으로 보게 된다. 틀을 벗어난 사고가 가능해진다. 그런 다음에 아이는 어떻게 하면 쿠션을 넘어지지 않게 세울 수 있는지 알아낸다. 그 자체로도 훌륭한 과학 수업이 된다. 부스러질 것 같은 작은 갈색 솔방울만 가지고도 얼마든지 여러 가지 놀이를 시도해볼 수 있다. 조각조각 떼어도 보고, 바닥에 튕겨도 보고, 두 개의 솔방울을 연결도 해보고, 목표물에 명중시키는 게임도 할 수 있다. 이런저런 놀이 방법을 연구하면서 아이들의 뇌는 폭발적으로 발달한다. 하지만, 엄마가 놀이친구가 되어주고, 엄마가 솔방울 던지기 게임을 생각해낸다면 이것 역시 틀에 박힌 놀이가 된다. 중요한 것은 아이 스스로 창조하는 것이다.

나는 예전에 한 어린이 집에서 어른의 지시를 받지 않고, 아무런 형식도 없이 만들어진 놀이의 힘을 일깨워주는 굉장한 사례를 목격했던 적이 있다. 여자아이 한 무리가 부엌놀이 장난감이 있는 구역으로 몰려가더니 소꿉놀이를 시작했다. 다른 한 편에서는 남자아이 한 무리가 블록 세트를 가지고 놀고 있었다. 그 때부터 두 개의 집단은 함께 놀 수 있는 방법을 찾아내기 시작했다. 남자

아이 하나가 여자아이들이 노는 곳에서 플라스틱 음식들을 한 줌 집어 남자아이들 놀이 구역으로 돌아왔다. 남자 아이는 블록으로 만든 목장 안에 음식들을 집어넣었다. 여자아이들이 달려와 음식들을 다시 빼앗아 갔다. 음식을 빼앗아 오고 다시 빼앗아 가기를 몇 번 되풀이 하는 동안에 아이들의 얼굴에는 장난기 어린 웃음이 가시지 않았다. 몰래 다가가서 상대방을 속이고 음식을 빼내오는 것이 재미있었던 모양이다. 마침내 아이들은 따로 진행되던 놀이를 하나로 모았다. 소꿉놀이 음식들을 남자아이들이 블록으로 만든 시장에 전부 갖다 놓고, 여자아이들이 상상속의 식료품 카트를 밀며 장을 보러 왔다.

아이들은 이 과정에서 협동과 사회화를 배웠다. 장난감을 몰래 가져갔다가 다시 빼앗아 올 때에는 어디까지가 재미있는 장난이고, 어디부터가 선을 넘는 것인지, 어떻게 다른 사람을 놀이에 참여시킬지, 어떻게 두 놀이를 하나로 합칠지, 어떻게 블록을 이용해 음식창고를 만들지 등등.

배울 수 있는 것들이 한두 가지가 아니다! 이것은 체험을 통해 생각해낸 자유로운 놀이 형식이다. 만약 보통 엄마 한 사람이 그 자리에 있었다고 하자. 아마 모르긴 해도 아이들 중 하나는 장난감을 나눠가지지 않는다고 야단을 맞았거나, 물어보지도 않고 다른 사람이 갖고 노는 장난감을 빼앗았다고 혼자 격리되어 반성해야 했을 것이다. 그 엄마는 어쩌면 아이들을 불러놓고 훔치는 것이 왜 나쁜지 한바탕 설교를 했을지도 모른다. 두 집단의 아이들이 모두 플라스틱 과일을 가지고 놀고 싶어 하는 상황을 해결하기 위해 과일들을 반으로 나누는 한편 머릿속에서는 플라스틱 과일을 좀 더 사두어야겠다고 마음먹었을지도 모른다. 어떤 식으로든 어른의 개입은 아이들의 귀여운 놀이를 방해하고 놀이를 통해 자연스럽게 생긴 현명한 배움의 기회를 망쳐버렸을 것이다. 우리 아이들에게는 이런 배움의 기회가 더 많이 필요한데, 이는 곧 어른들이 덜 나서야 한다는 뜻이다.

아이들이 심심함을 경험하도록 해야 하는 또 다른 중요한 이유는 아이들에게 심심하다는 것이 주관적인 심리 상태임을 가르쳐주기 위해서다. 당장 할 일이 없는 상황을 지루하고 초조하게 느낄 수도 있고, 느린 템포의 삶을 즐기며 시간을 보낼 수도 있다. 조슈아는 자동차 안에서 이러한 발상의 전환을 경험했다. 다음번에 또 '시간을 죽일' 기회가 생기면, 조슈아는 지나가는 표지판들에 몰두하다 보니 지루할 수 있었던 상황이 긍정적으로 변했던 기억을 떠올릴 것이다. 결국 선택의 문제다. 세상에 원래부터 재미없는 일은 없다. 중요한 것은 주어진 상황을 어떻게 창조적으로 활용하고 거기에서 의미를 찾느냐이다. 아이들에게도 가르쳐주어야 하지만, 부모들도 반드시 배워야 할 점이다.

## 시간 낭비

지금부터 내가 지적하려는 것은 사실 매우 일반적인 경향이지만 많은 사람들이 잘 알아채지 못하고 넘어가는 현상이다.

부모들은 아이들이 어릴 때는 웬만해서는 아이들 곁을 떠나지 않다가, 조금 크면 되는대로 여기저기 맡기곤 한다. 많은 아이들이 조금 자란 후부터는 대다수의 시간을 부모가 아닌 어른들과 보내게 된다. 학교에서 하루 종일 선생님과 지내고, 오후에는 예체능 수업의 코치나 강사들과 보낸다. 다수의 연구에 따르면 부모들은 아이와 함께 있는 시간의 대부분을 아이들을 준비시키고, 집에서 데리고 나가 여러 수업 장소로 데려다주면서 보낸다고 한다. 엄마는 그때그때 필요에 따라 아이들의 멘토에서 운전기사로 기민하게 역할을 전환한다. 각 가정마다 차이는 있겠지만, 내 경험에 비추어볼 때 아이를 제 시간에 준비시켜 정해진 수업에 데리고 가면서 엄마들은 아이들과 가장 많이 다투고 소리 지른다. 매일 한 번씩은 겪는 상황이고 대부분의 엄마들에게 하루 중 가장 기분이 저조한 시간이다. 아이들과 있는 시간의 대부분을 화내고 소리 지르며 보낸다고 생각하니 좀 서글프다.

또 한 가지 생각해봐야 할 문제는 가족 간의 소통의 양이 현저하게 줄어들고 있다는 점이다. 가족 간 상호 활동과 실제 주고받은 단어의 수를 집계해보면 과거의 세대들보다 눈에 띄게 줄어들었다. 예전에는 하다못해 축구 연습에 데려가는 도중에라도 대화를 나눴지만, 요즘 아이들은 자동차에서도 DVD를 본다. 과거에는 여가 시간에 가족들이 카드게임이나 보드게임을 하면서 가벼운 이야기를 주고받았지만, 오늘날의 가족들은 대부분 함께 TV를 보다가 광고 시간에 잠깐씩 이야기를 나눌 뿐이다.

대화는 점점 약해지는 가족 관계를 강화해줄 중요한 부분이지만, MP3 플레이어와 여러 가지 휴대용 기기들은 가볍게 수다 떨 시간조차 앗아가버렸다.

그렇다고 내가 뭐 그렇게 구식은 아니다. 우리 집에도 여러 가지 첨단 기기들이 있고, 나 자신도 최신 기술을 즐겨 사용하는 편이다. 하지만 우리가 시간을 어떻게 보내고 있고, 가족의 생활에서 필요한 모든 일들이 균형을 이루고 있는지에 대해 생각해볼 때가 아닌가 싶다. 어떤 활동은 하는 대신, 어떤 활동은 하지 않을 것인가? 우리는 많은 선택을 하지만, 별다른 생각도 뚜렷한 목적도 없이 늘 하던 대로 하는 경우도 빈번하다. 가족이 서로 가깝고 친밀하게 지내야하므로 함께 더 많은 시간을 보내려 한다면, 주말에 스키 타러 가서 각자 서로 다른 코스에서 시간을 보내느니 차라리 그 시간에 집에 모여 카드 게임을 하는 것이 더 바람직하지 않을까? 금쪽같은 시간에 유리 창 너머로 강습 받는 아이의 모습만 수동적으로 지켜볼 것이 아니라 가족이 다함께 수영하러 가는 편이 더 낫지 않을까? 가족에게 주어진 시간을 어떻게 쪼개어 활용할 것인지는 우리 자신만이 결정할 수 있다. 나는 단지 신중하게 결정하기를 바랄 뿐이다.

## 돈 낭비

나는 지금이 그 어느 때보다 풍요로운 시대라는 전제에서 출발했지만, 동시에 우리는 그 어느 때보다 많은 빚을 진 세대이기도 하다. 신용카드가 발명된 것이 1960년대라는 사실이 놀라울 정도로 신용카드는 단기간에 우리의 소비 습관을 변화시킨 가장 중요한 요소가 되었다. 우리는 신용카드에 크게 의존하며 아무렇지도 않게 빚을 진다. 우리는 주가 폭락도, 대공황도, 세계 대전도 경험하지 못한 세대다. 우리가 경험한 인생은 그저 좋기만 했다. 아이들의 삶이 행복해진다면 빚을 지는 것도 마다하지 않는다. 아이들이 부족한 것 없이 살게 하고 싶기 때문이다. 여기서 잠깐 단어의 의미를 정확히 짚고 넘어가자. 과거세대에게 부족함이란 신발이 없어 맨발로 다니는 상황을 의미했다. 하지만 지금은 부족하다는 말이 매우 넓은 의미로 쓰인다. 오늘날 부모들이 생각하는, 아이들이 누려야할 '기본적인' 것들에는 나이키 운동화, 각자의 방에 놓일 개인 TV, 노트북 컴퓨터, 휴대전화, 가죽 재킷, 산악용 자전거 등이다. 몇 십 년 전만 해도 보통 아이들은 다섯 살 생일이 될 때까지 약 50가지의 장난감을 선물로 받았다. 1995년 그 숫자는 500가지로 늘어났다! 지금은 얼마나 더 늘었을까?

요즘 부모들은 디즈니랜드에 아이를 데려가는 것이 아이들의 당연한 '권리'이자 통과의례이고, 그 정도도 해주지 않는 부모는 한심한 부모라고 생각하는 것 같다. 캠프장에서 보내던 휴가는 멕시코 패밀리 클럽 메드에서 쉬다가 디스커버리 코브에서 돌고래와 수영하는 일정으로 업그레이드되었다. 이 정도면 무난한 '일반 패키지' 수준이고, '평균적인' 가족이 휴가를 보내는 방법이다.

그러나 평균적인 가족의 재정 형편이 그 정도로 좋아진 것은 아니라는 것이 함정이다.

'즐거움을 추구하는' 세대 말고 지금의 세대에 붙은 또 하나의 별명은 벌이보다 씀씀이가 큰 세대다. 우리는 대다수 중산층 가정의 재정 형편으로는 감당하기 힘든 '중산층의 생활 수준'이라는 것을 만들어냈다. 대부분의 가정은 연간 수입의 120퍼센트에 해당하는 부채를 안고 있다. 남의 집 재정 상태는 사적인 부분이라는 이유로 다들 돈 문제, 부채 문제는 금기시하고 대화의 주제로 삼지 않는다. 같은 동네 아이들이 모두 사립학교에 다닌다면 내 아이도 보내야 하고, 같은 반 아이들 모두 자기 컴퓨터를 가지고 숙제를 한다면, 우리 애도 사줘야 한다. 우리는 마치 '그럴 여유가 없다'는 말을 해야 하는 순간이 오면 혀가 마비되는 희귀병이라도 걸린 것 같다.

# 느린 자녀교육이 행복으로 이끈다

우리가 아이들을 위해, 가족을 위해 바라는 것은 모두 같다. 바로 행복이다. 참 모호하면서도 단순한 바람이다.

아이들을 즐겁게 해주는 엄마가 좋은 엄마라는 믿음에 사로잡힌 우리는 아이들에게 아무 걱정 없이 평화롭고 '행복한 어린 시절'을 만들어주기 위해서라면 무엇이든 해야 한다고 생각한다. 귀중한 시간을 쏟아붓고 은행 계좌를 거덜내면서까지 우리는 아이들에게 행복을 보장해주려고 한다. 하지만 그 많은 시간과 돈을 쏟아부었음에도 우리의 전술과 실행방법은 잘못되었다.

물론 엄마가 아이를 웃게 하고, 지루하지 않게 아이의 흥미를 자극해줄 수는 있겠지만, 그렇다고 정말로 행복하게 만들어줄 수는 없다. 행복은 스스로 만드는 것이기 때문이다. 행복은 내 안에서부터 온다. 행복은 행위의 목적이 아니라 부산물이다. 아이들 스스로 행복을 만들어내는 주체가 되어야 한다.

> 우리는 타인에게 의존함으로써 살아남는다. 좋든 싫든 우리의 인생에서 다른 사람의 행위로부터 혜택을 입지 않은 순간은 찾아보기 힘들다. 이런 이유로 우리의 행복 대부분도 다른 이들과의 관계의 맥락 안에서 생겨난다는 것은 어쩌면 당연한 일이다. – 달라이 라마

행복은 다른 사람들과 깊이 연결되어 있다고 느낄 때, 우리가 다른 사람들과 풍부한 관계를 맺음으로써 그 관계로부터 소속감과 자신의 가치를 느낄 때 얻을 수 있다. 바로 이런 풍부하면서 서로 배려하는 관계가 우리 영혼을 지탱하는 연료가 되어준다. 받은 것을 되돌려줄 때, 우리는 다른 사람과 더 가까워짐을 느낀다. 더 가까워짐을 느낄 때, 우리는 더 많이 되돌려주고 싶어진다. 이러한 순환이 우리를 더욱 긴밀하게 만들어주고, 우리는 점점 더 행복해진다. 하지만 그러기 위해서는 시간이 필요하다. 관계는 와인을 숙성시키듯, 진한 국물을 우려내듯 천천히 정성을 들이고 향유해야 한다. 서두르면 그르친다. 관계란 본디 천천히 깊이 있게 익어가는 것이다. 자녀들과 평생 동안 이어질 튼튼한 관계를 천천히 만들어가자.

엄마가 아이들을 행복하게 '만들어'주지는 못할지라도, 행복을 가치 있게 여기며 가꾸어가는 가족 문화를 만드는 데 나름의 역할을 할 수는 있다. 이 책 앞부분에서 이야기 했던 자기 관리가 우리의 첫 번째 임무, 즉 자신부터 행복해지는 임무를 충족시켜줄 것이다. 이 얼마나 근사한 책임인가.

우리는 서두르지 않고, 강요하지도 않는, 사랑이 넘치는 가정을 만들 수 있다. 어쩌면, 어디까지나 추측이지만, 그 안에서 뭔가 창조적이고 흥미로운 것이 자라날지도 모른다. 시간을 어떻게 사용할지 현명하게 생각해보자. 분명한 의도를 가지고 결정해야 한다. 나의 일정표가 나의 가치관을 반영하는가? 내가 가장 중요하게 여기는 것들을 하면서 시간을 보내고 있는가? '아무것도 하지 않는' 기적의 시간을 충분히 남겨놓고, 그 안에서 무엇이 자라날지 바라볼 여유가 있는가? 풀타임 놀이친구와 운전기사 사이의 균형을 잃지 않고 있는가? 나의 가치관에 따라 살아가되 지나친 집착으로 역효과를 부르거나 아이들의 거부 반응을 유발하지는 않는가?

가족 내에서 새로운 경험을 시도해볼 수도 있다. 모든 것을 외부에서 조달하고 여가와 여흥만을 함께 하는 대신, 가족이 함께 한 가지 과제를 정해 어려움을 극복함으로써 결속을 다지고 행복을 가꾸어가는 것이다. 가령 함께 벽을 칠한다거나, 텃밭을 가꾸어도 좋다. 심지어 함께 머리를 맞대고 디즈니랜드 여행을 계획

하는 것도, 가족이 함께 한다면 훌륭한 결속의 체험이 될 것이다. 모두가 같은 목표를 향해 노력하는 것이기 때문이다. 부디 가족회의를 통해 이 중 몇 가지를 실천해보기를 바란다.

또 가족만의 전통과 행사를 만드는 것도 사람들 간의 결속을 가르치고 (실천하는) 계기가 될 수 있다. 어린 시절 체험했던 가족 전통행사 중 특별히 기억에 남는 것은 무엇인가? 어떤 새로운 가족 전통을 다함께 만들 것인가? 저녁에 다함께 TV 앞에 모여 어메이징 레이스*를 보며 좋아하는 팀을 응원하는 것도 괜찮은 가족 행사가 될 수 있다.

비디오 게임도 함께라면 좋다. 다 같이 나가 볼링을 하거나, 할 수 있다면, 돌고래와 수영하러 떠나보는 것도 나쁘지 않다. 비오는 수요일 저녁, 먹구름이 잔뜩 끼고 가족 모두 지루하게 시간을 보내고 있을 때, 불가능해 보이는 일을 실현해보는 것은 어떨까? 다 같이 아무것도 하지 않는 것이다! 기적이 일어날 지도 모른다! 누군가 재미있는 일을 생각해내고, 아이들은 스스로의 상상력이 얼마나 대단한지 깨달음은 물론 세상에서 가장 사랑하는 사람과 가까이에 있는 조용하지만 여운이 깊은 기쁨을 맛볼 것이다. 세상에서 가장 사랑하는 엄마와 함께라면….

---

＊ Amazing Race. 미국과 캐나다에서 방영된 리얼리티 예능 프로그램. 2인 1조로 이루어진 10여개의 팀이 국내외를 여행하며 미션을 수행하거나, 다음 행선지의 단서를 풀면서 목적지에 먼저 도착하기 위해 경쟁하는 프로그램.

마무리

인간이 변화하는 데에는 시간이 걸린다. 평생을 지녀온 삶의 패턴이 책 한 권으로 즉각 바뀌지는 않는다. 이제 겨우 자신만의 논리를 풀어내기 시작했을 뿐이다. 하지만 이미 알고 있다시피 시작이 반이다.

엄마들이 가지고 있던 '좋은 엄마'의 허상이 조금은 깨졌기를 바란다. 사실 지금쯤이면 완벽한 엄마가 되겠다는 생각 자체가 터무니없게 여겨져야 한다. "완벽한 엄마라니? 세상에 완벽한 엄마가 어디 있어? 말도 안 되는 얘기지! 다 우월감에서 나오는 거야!"

이제 여기서 한 걸음 더 나아가자.

우리는 지금 그리고 앞으로도 언제나 완벽하지 않은 그대로 멋질 것이다. 지금 이 순간 '그 모습 그대로' 우리는 이미 훌륭하다. 이 책을 끝까지 읽고 난 후 그 한 가지 사실을 인정하게 된 것만으로 자신과 아이들을 위해 놀라운 성취를 이룰 준비가 끝났다. 완벽하지 않을 용기를 갖게 된 것을 축하한다!

나는 인간의 본성과 교육에 관한 아들러의 견해를 소개했다. 내 책이 아들러 학파의 견해에 대해 더 관심을 가질 계기가 되었으면 한다. 나는 아들러의 이론을 통해 새로운 세계에 눈을 뜬 사람들을 여럿 만나 보았다. 엄마들은 꼭 해야 할 일이 무엇인지를 분명히 깨닫고, 좋은 엄마의 그릇된 환상에서 비롯된 굴레를 벗어던졌다. 하지만 사회적 평등, 진정한 용기, 경쟁적 성향의 회피, 긍정적 지향 같은 것들은 결코 단순한 개념이 아니다. 마치 바둑처럼 매우 단순하고 가르치기 쉽지만, 숙달되기에는 수년이 걸린다.

긴 여정이라고 낙담하지 말자. 나 역시 한 장씩 써나가면서 매번 쓰기를 멈추고 나 자신의 경험을 되새겨보지 않을 수 없었다. 사실 몇몇 부분에서는 나 자신도 부끄러운 엄마였다. 하지만, 아들러의 말처럼, '원칙을 위해 싸우기보다 원칙대로 살기가 더 힘들다'. 그래서 나는 자신의 삶을 계속해서 나의 원칙대로 이끌어나가기 위해 최선을 다할 것이고, 거기에는 나의 부족함을 용서하는 것도 포함된다. 여러분도 용기를 가지고 나처럼 해보았으면 좋겠다.

> 용기는 두려움이 없는 상태가 아니라, 두려워도 해야 하는 중요한 일이 있다고 마음먹는 것이다. – 앰-브로즈 레드문

이 책을 읽었거나, 내 수업을 들었던 뜻이 맞는 엄마들과 만나

고 싶다면 온라인 커뮤니티 www.alyson.ca에 들어와 질문도 올리고, 민주적 훈육 방식을 실현하기 위한 수백 개의 조언과 기법들도 읽어보기 바란다. 우리는 배움을 멈춰서는 안 된다. 비슷한 문제로 애쓰고 있는 다른 엄마들과 계속 관계를 유지하다 보면 자신이 꿈꾸는 가족을 만들어나가는 데 도움을 얻을 것이다.

아들러의 방식이 '올바른' 방식일까? 글쎄, 나는 '정확성' 여부에는 그다지 관심이 없다. 아들러의 이론은 내가 선택한 삶의 지침이다. 나 역시 사람들은 기본적으로 선하고, 좌절만이 인간을 망가뜨릴 수 있다고 믿는다. 또 우리 모두가 사랑하고 수용하는 공동체 안에서 살아가야만 한다고도 생각한다. 아이들을 적절히 이끌어준다면 이기적인 경쟁과 갈등을 멀리하고 그런 공동체를 함께 만들어갈 수 있다고 믿는다.

나는 또 아이를 키우는 일이 매우 어려운 과제이고, 그 가치에 비해 제대로 평가받지 못하고 있다고 생각한다. 인류가 가족, 공동체, 국가라는 집단을 이루고 평화롭게 번영하기 바란다면 한 번에 작은 어린아이 하나의 행복에서 시작해야 한다고 생각한다. 다른 사람들 사이에서 함께 살아가고 번영하는 협력의 기술은 아이들이 배워야 할 가장 중요한 가치이다. 다른 사람에게 쓸모 있는 존재로서 공헌하도록 아이들을 이끌어주고, 지속적으로 격려하면서 아이들을 존중하고 존엄한 존재로 대한다면, 우리 다음 세대는 모두 함께 손을 잡고 높이 날아오를 것이다!

# 완벽하지 않을 용기

내 조부모님인 에디스와 밀턴 듀이 부부에게 감사드린다. 두 분은 루돌프 드라이커스 박사의 강연에서 그를 처음 만났고 미국 아들러 심리학 협회에 깊이 관여하셨다. 아들러 부모 교육 강좌를 운영하고 나와 세 남자 형제들을 그들의 원칙대로 길러주신 내 부모님 실비아 듀이 나이트와 리처드 나이트에게도 감사드린다. 어린 시절부터 이 철학을 알게 해준 덕분에 나는 늘 깨어 있을 수 있었다.

아들러의 이론을 이해하도록 도움을 주고 그의 메시지를 내 방식대로 전파하도록 격려해준 나의 은사들, 앨시어 파울로스, 래리 니산, 린다 페이지, 리처드 코프, 레오 로벨, 조이스 맥케이 박사, 개리 멕케이 박사, 대니얼 엑스타인, 에릭 맨세이저에게 감사 드린다. 이 책을 쓸 기회를 준 출판사 윌리의 관계자들에게도 감사드린다. 특히 작가로서는 경험이 없는 나를 위해 자신의 업무 영역을 벗어난 분야에서까지 힘을 써준 담당 편집자 레아 페어뱅크에게 고마운 마음을 전한다. 사실, 이 책이 세상에 나올 수 있었던 것은 윌리 팀 전체의 공이다.

그동안 나를 이끌어준 리자 핀들레이, 줄리 웨이스, 조앤 플린, 콜레트 아네츠, 코니 루이언즈와 남편 켄 셰이퍼, 딸 들인 조이, 루시에게도 감사의 말을 전한다. 여러분의 지지는 내게 너무나 소중했다.

엘라 센터의 에이미 핼페니에게도, 엄마들과 그들의 경험에 관한 이야기를 나눌 수 있도록 엘라 센터를 내게 제공해준 점 감사드린다. 나의 코칭을 받은 의뢰인들과 강의를 들은 졸업생들에게도 그들의 이야기가 책을 만드는 데 큰 도움이 되었음에 감사드린다.

> **아무리 큰 과제도 함께라면 해결할 수 있다.** – 알프레드 아들러

BREAKING
THE GOOD MOM
MYTH